Die Schuld.

Trauerspiel in vier Akten

von

Adolph Müllner.

Ingeniis talibus vitae exitus remedium est, optimumque est abire ei, qui ad se numquam rediturus est.

Seneca.

Dritte Auflage.

Leipzig
bei Georg Joachim Göschen 1817.

Ihrer Majestät

der Kaiserin von Rußland

Elisabeth Alexiewna

ehrfurchtsvoll zugeeignet.

Ew. Kaiserl. Majestät

sah die Darstellung der Schuld in Wien, würdigte die Handschrift des Lesens, und geruhte den Verfasser der huldreichen Erlaubniß einer öffentlichen Zueignung versichern zu lassen. Es ist erhebend, daß die erhabene Fürstentochter aus deutschem Stamme, welche im vereinten Strahle der Tugend und der Hoheit auf einem fremden Throne glänzt, Antheil nimmt an den Versuchen deutscher Kunst. Durchdrungen von diesem Gefühl lege Ew. Kaiserl. Majestät ich den meinigen vor. Zu den Füßen der Huld ist die Schuld an ihrem Platze, wie Orest am Altar der Pallas.

Ew. Kaiserl. Majestät

Weißenfels in Sachsen
am $\frac{14.}{2.}$ Mai 1815.

unterwürfiger Verehrer
Adolph Müllner.

Vorerinnerung

zur zweiten Auflage.

Die Schuld ist kaum vier Monat im Buchhandel, und schon giebt mir die Verlagshandlung die erfreuliche Nachricht, daß es, ungeachtet des in Wien fast gleichzeitig erschienenen Nachdruckes, nothwendig sei, eine neue Auflage zu veranstalten. Mit einem so unerwartet lebhaften Antheil des lesenden Publikum hat natürlich der bedachtsame Gang der literarischen Kritik nicht Schritt halten können, und was ich durch ähnliche Zögerung mit dem kritischen Fundberichte wohl selbst an manchem Dichter mag verschuldet haben, rächet nun die Nemesis dadurch an mir, daß ich den Vortheil entbehren muß, bei der Revision den Tadel einsichtsvoller Kunstrichter zu benutzen. Ich habe mich darauf beschränken müssen, einige wenige Ausdrücke zu verändern, gegen welche mir entfernte Freunde Ausstellungen gemacht haben: denn ich bin in dem Zeitraume von beinahe vier Jahren mit Geist und Gemüth dem Kreise von Gedanken und Empfindungen, in welchem diese Tragödie sich bewegt, zu fremd geworden, als daß ich ohne kunstrichterliche Hülfe an wesentliche Veränderungen mich hätte wagen dürfen. Sie würden bei erkalteter Begeisterung schwerlich Verbesserungen geworden seyn.

Weißenfels an der Saale im Februar 1816.

A. Müllner.

Vorerinnerung

zur dritten Auflage.

Da von der Schuld bis jetzt drei Diebesausgaben, höflicher Weise Nachdrücke genannt, erschienen sind; so hat der Herr Verleger, um nicht hinter der Thätigkeit der Beutelschneider zurück zu bleiben, auch eine dritte ehrliche Auflage veranstaltet. Im Vorbericht zur zweiten hab' ich über den Mangel an Kritiken geklagt. Diese Klage nehm' ich hiermit zurück. Die Unterhaltungsblätter, wie die kritischen, haben mich damit gar reichlich versehen, und von letztgenannten ist nur die Leipziger Literaturzeitung noch im Rückstand verblieben. Aus zweien dieser Beurtheilungen hab' ich Vergnügen und Belehrung geschöpft, obgleich sie einander in der Hauptansicht gerade entgegen gesetzt sind. Ich glaube, daß es für wahre Freunde der tragischen Kunst ein anziehendes Geschäft seyn wird, sie zu vergleichen. Die eine ist mit der Namensunterschrift des gelehrten Franzosen, Herrn de Vanderbourg im Journal des savans, Septbr. 1816. pag. 51. sqq.; die andere ohne Namen in der allgemeinen Literaturzeitung von Halle Nr. 59. und 60. vom Jahre 1817. erschienen. Nach meinem Dafürhalten hat der französische Kunstrichter schärfer gedacht; der deutsche aber tiefer empfunden. Jener tadelt, dieser lobt den Gebrauch, den ich von dem sogenannten Wunderbaren gemacht habe. *) Jener sieht in Hugo's

*) Ein Mal wenigstens trägt jedoch Herr de Vanderbourg das Wunderbare selbst hinein.

Geständniß die eigentliche Katastrophe des Stücks; dieser hält es für das Ende der Exposition, welchem mehr Handlung folgen sollte. Beiden aber ist — wer weiß, ob nicht durch meine Schuld? — der Hauptgedanke des Ganzen entgangen. Ich hab' ihn daher bei dieser neuen

Er spricht in Bezug auf die Stelle: Vor mir, in mir ging es auf wie ein Nordlicht ꝛc. von visions d'aurores boréales, qui portent Valeros à chercher dans le Nord l'assassin de son fils. Dem Ausländer ist es zu vergeben, daß er ein Gleichniß für eine Vision nimmt, weil er nicht weiß, daß das deutsche Wörtchen wie nicht bloß que, sondern auch comme, à l'instar (gleichwie) bedeutet. Möchten an der Menschlichkeit, welche hier einem, in Europa geachteten, Gelehrten begegnet ist, die französischen Tageblätter (folliculaires) ein Beispiel nehmen, welche Abgeschmacktheiten in Schillers Werken finden, weil sie von der Sprache, in welcher er geschrieben hat, soviel wie gar nichts verstehen.

Auflage mit den Worten des Seneca dem Stück an die Stirn geschrieben. In ihm liegt der Grund, welcher mich abhält, im Sinne des einen oder des andern Urtheils, wie sehr ich sie auch beide ehre, Abänderungen vorzunehmen. Was der Franzos fordert, würde mir mehr die Katastrophe eines Kriminalprocesses, als die Entwickelung einer Tragödie scheinen. Was der Deutsche will, würde den Hauptgedanken mehr zweifelhaft, als anschaulich machen: denn wer noch handeln kann, der kann auch noch leben.

Wer inzwischen diese beiden Abhandlungen vergleichen will, der verwechsele die deutsche nicht mit einer dritten Recension, die ebenfalls in der Literaturzeitung von Halle Nr. 61. und 62. dieses Jahres abgedruckt ist. Eine Note der Redaction S. 481. läßt vermuthen, daß diese dritte Recension unter diejenigen gehöre, welche die Recensenten bisweilen aus eignem Antriebe und ohne Auftrag einzusenden pflegen. Ob nun wohl im

Felde der Kritik die freiwilligen Soldaten die Vermuthung des guten Willens nicht für sich haben; so bezweifle ich ihn doch hier keineswe- ges, weil ich zufällig zu der Gewißheit gelangt bin, daß es Herr Methusalem Müller (der Herausgeber der Zeitung für die elegante Welt) ist, welcher aus sehr scharfsinnigen Gründen den Stoff der Schuld für völlig undramatisch hält, den Erfolg des Stücks bloß auf Rechnung an- lockender Einzelheiten schreibt, und über die Cha- raktere der beiden Frauen ungefähr so urtheilt, als ob er eine von ihnen heirathen sollte. Ich achte seine Meinung, kann sie aber, soviel den Stoff betrifft, nicht zu der meinigen machen. Es hat gewiß nur an meiner geringen Dichter- kraft gelegen, wenn die Tauglichkeit dieser Fabel zur Tragödie dem genannten Kunstrichter nicht eingeleuchtet hat.

Eine vierte Kritik gelehrter Art, welche in der Jenaischen allgemeinen Literaturzeitung Nr. 46.

und 47. vom Jahre 1817. steht, hat gegen die Schuld und gegen mich die Waffen theologischer Verketzerung ergriffen, und diese Art von Darstellung des Selbstmordes, den sie das scheußlichste von allen Verbrechen nennt, als ruchlos und gotteslästerlich verschrien. Möchten doch die Nachdrucker diese Recension ihrer Aufmerksamkeit würdigen, und lieber den Jenaischen frommen Eifer, als meine heillosen Verse nachdrucken! *) Inzwischen hab' ich auch aus dieser Kritik eine Belehrung geschöpft, nemlich

*) Merkwürdig ist in dieser Recension folgende Stelle: „S. 6. wird sogar die Harfe als ein ordentlicher Acteur behandelt, und sie angewiesen, dröhnend zu Boden zu fallen." Wie wenig auch ein Recensent vom Theater verstehen mag; daß diese Anweisung an die Geschicklichkeit der Schauspielerin gerichtet ist, kann ihm nicht entgehen, und die Redaction mußte an diesem Tadel allein den guten Willen des Tadlers erkennen.

die, daß Cherubim die hebräische Mehrzahl ist. Ich würde die Stelle, wo ich dieß Wort in der Einzahl gebraucht habe, abändern, wenn sie nicht das Ansehen Luthers (Mos. I. 3. 24.) für sich hätte, dessen Bibelübersetzung dem deutschen Volke bekannter ist, als die hebräische Sprachlehre.

Endlich haben fast alle deutschen Recensenten im Revier der Schuld der so beliebten und bequemen Reminiscenzenjagd obgelegen; aber mir ist von diesen Waidmännern auch nicht Einer vorgekommen, der das Wild im rechten Busche gesucht hätte. In der Erzählung Otto's von der Rettung seines Vaters durch Hugo hat man Schillers Ballade, der Handschuh, wiedergefunden. Was in aller Welt hat eine gewöhnliche spanische Stierhetze mit dem edlen Kampfspiel im Löwengarten des Königs Franz, und der in den Zwinger herabspringende Hugo mit dem Handschuh des Fräuleins Kunegunde gemein? Ich bin bei dieser Schilderung einzig der Beschreibung gefolgt, welche D. Link in einer Reisebeschreibung (Kiel 1801.) von den Stiergefechten der Spanier macht, und der Vers: Die Hunde los! muß jeden Sachkundigen sofort an das Los perros! erinnern, welches bei jenen Volksbelustigungen zu erschallen pflegt. Man hat ferner die Vermuthung geäußert, daß ich bei dem Spiel, welches Hugo's Phantasie mit den Schrecknissen des Krieges treibt, Schillers Lied von der Glocke benutzt hätte. Ich kann versichern, daß, wenn mir hier irgend etwas von Schiller vorgeschwebt hat, es vielmehr seine Beschreibung der Eroberung von Magdeburg in der Geschichte des dreißigjährigen Krieges gewesen ist: so gewiß, als er bei dem Gemälde, welches er in der Glocke von den Gräueln der Empörung entwarf, irgend eine Beschreibung der Revolutionsscenen von Paris vor Augen hatte; so gewiß, als ihm in der Jungfrau von Orleans

Akt I. Scene 10. „Bist du es, wunderbares Mädchen?“ u. s. f. Shakesspear's Heinrich VI. Theil I. Akt I. Scene 2. „Bist du's, die Wunder thun will, schönes Mädchen?“ in frischem Andenken war; so gewiß, als er bei den Worten: „Ich bin nur eines Hirten niedre Tochter,“ an die Worte der Pucelle dachte: „Dauphin, ich bin die Tochter eines Schäfers.“ Zuletzt hat man sogar in den Worten Hugo's: „Hoch im Bogen, saphirblau, wölbt die Kuppel prächtig sich“ eine Nachahmung derjenigen Stelle des Schillerischen Glockenliedes erkannt, wo es heißt: „Hoch im Bogen sprützen Quellen, Wasserwogen.“

Es ist in Wahrheit nicht meine Schuld, daß die geehrten Kunstrichter fast gar nichts, als Schillers Gedichte gelesen zu haben scheinen. Wollt' ich aus der Schuld alles dasjenige wegstreichen, was ich, genau genommen, Vorbildern schuldig bin, die ich nie erreichen kann;

so würde kaum noch etwas übrig bleiben, was der Mühe einer Kritik sich verlohnte.

Man sehe diese Vorerinnerung nicht für anti-kritisch an. Sie soll nur auf die Gründe hindeuten, um derentwillen ich auch bei dieser dritten Erscheinung das mangelhafte Werk lasse, wie es ist.

Weißenfels an der Saale im Julius 1817.

A. Müllner.

An die Leser.

Den Abgrund, der bestimmt ist, hinzuraffen
Den Menschen, den die Macht der Lust bezwungen,
Versucht' ich kühn, dem Weltgeist nachzuschaffen.
Ich habe redlich nach dem Ziel gerungen,
Doch nimmer will der Zweifel von mir weichen,
Ob meinem Ernst das ernste Bild gelungen.
Der Menge Beifall kann ihn nicht verscheuchen,
Denn, selbst im Fluch der Leidenschaft begriffen,
Erkennt sie nicht am Schein der Wahrheit Zeichen.

Das wilde Meer mit seinen Felsenriffen
Und seinen Strudeln, die sich tückisch drehen —
Die sehn es nicht, die es im Sturm beschiffen,
Sie kämpfen nur, daß sie nicht untergehen;
Der Blick allein begreift das wüste Toben,
Der es beschaut aus stiller Lüfte Höhen.
Von Rausch und Traum des Lebens Drang' enthoben,
Schwebt der Poet empor zur Ruh im Blauen,
Und sieht das Bild der Finsterniß von oben.
Zur stillen Lust wird das geheime Grauen,
Die Ahndung fängt den Fittig an zu regen,
Und frommer Glaube steigert sich zum Schauen.
So ward die Schuld; so will sie euch bewegen.

Die Schuld.

Personen.

Hugo, Graf von Oerindur.

Elvire, seine Gemahlin.

Jerta, Gräfin von Oerindur, unvermählt.

Don Valeros, Grand von Kastilien, Ritter vom goldnen Vließ.

Otto, Elvirens Sohn erster Ehe, Valeros Enkel.

Kolbert, Kammerdiener	des Grafen Hugo.
Holm, Reitknecht	

Einige Diener seines Hauses.

Der Ort der Handlung ist die Nordseeküste der scandinavischen Halbinsel.

Anmerkungen

für die Bühnenvorsteher

Die Ouverture muß mit einem Pianissimo endigen, welches Elvire einige Sekunden lang auf der Harfe fortzusetzen scheint.

Der Holm kann, vernünftiger Weise, von keinem Theaterdomestiken gespielt werden.

Der vierte Akt muß rasch auf den dritten folgen, und Elvire muß daher keine umständliche Umkleidung vornehmen, die ohnehin ihre Gemüthslage verbietet.

Erster Akt.

Saal eines nordischen Grafenschlosses mit mehreren Thüren und praktikabeln Fenstern. Eine Schlaguhr im Saal an der Hinterwand.

Erste Scene.

Elvire
allein, die Harfe im Arm, das Spiel mit immer leiseren, sanft verschwebenden Tönen endigend.

Wie der letzte Laut verklinget,
Der sich unter leiser Hand
Aus der Harfe Saiten schwinget;
Wie's auf klarem Teichkristalle
Sich von eines Tropfen Falle
Weiter stets und schwächer ringet,
Bis es fern am Blumenstrand
Still verschwand:

So auch möcht' ich einst verschweben
Und verklingen in das beßre Leben!
Wird mich, fern vom Vaterland,
In der Stürme rauher Wiege,
Wo ich angefesselt liege
Von der Liebe starkem Band —
Wird mich einst des Schicksals Hand
Sanft empor zur Heimath heben?

Das Haupt auf die Harfe geneigt, bleibt sie eine Weile ruhen. Eine Saite springt, Elvire fährt erschrocken auf, die Harfe fällt dröhnend zu Boden.

Ah! — Mein Gott!

Sie sucht sich zu fassen.

Bin ich bei Sinnen?
Eine Saite sprang — ihr Schrei
Traf das überraschte Ohr —
Weiter nichts. — Bei Gott, hier ist nichts neu,
Nichts erschreckend, als mein kindisches Beginnen.
Dennoch strebt mein Haar empor,
Und ein Schauer läuft die Glieder
Rieselnd auf und nieder.
Macht die Einsamkeit mich bangen?

Schrecket mich die Dämmerung,
Die bei meiner Töne Klage
Unbemerkt mich hat umfangen?
Oder — war der Saite Sprung
Eine Antwort auf die Frage,
Die ich eben — — Grausen füllt
Meine Brust! — — Der Schall, die Welle —
Wohl sind sie des Lebens Bild;
Doch die Woge, die im Sturme
Schäumend sich am Felsen bricht,
Eine Well' ist's wie die andre,
Die im weißen Mondeslicht
Auf des Teiches Spiegel schwindet:
Und der Riß gespannter Saiten,
Wie der Klang, der sanft verhallet,
Ist ein Schall,
Der den Fall
Eines Menschen kann bedeuten. —

Von Ahnung erschreckt.

Gott! Wenn Hugo —

Sie zieht lang und heftig die Klingel. Ein Diener tritt ein.

Ist die Jagd
Noch zurück nicht in das Schloß?

Der Diener.

Nein.

Elvire.

So sendet gleich zu Roß
Einen Boten, der mir's sagt,
Wenn er sie gewahrt vom Weiten.

Der Diener geht ab.

Zweite Scene.

Elvire, Jerta zu einer andern Thür herein. Diener folgen ihr.

Jerta.

Was begegnet euch, Elvire?

Elvire.

Nichts.

Jerta zu den Dienern.

Licht in das Zimmer, schnell!

Die Diener gehen im Hintergrunde ab, kurz darauf werden Kerzen auf Armleuchtern gebracht.

Eure Glocke tönte lang und hell —

Ihr seid ängstlich, wie ich spüre,
Und die Harfe liegt am Boden? —

Lächelnd.

Neckt es aus dem Reich der Todten
Schon im Zwielicht eure Sinne?

Elvire.

Wenn ich Thörichtes beginne,
Mögt ihr schwesterlich vergeben.
Mich ergriff ein schweres Bangen
Um des Gatten theures Leben.

Jerta.

Ist er heut zum ersten Mal
Von euch in den Forst gegangen?
Jagt in Spanien kein Gemahl?

Elvire.

Oh, dort wehen sanft're Lüfte,
Und ein Garten ist die Flur.
Durch Olivenhaines Düfte
Schlängelt sich des Wildes Spur,
Und des Landes mild're Sitte

Herrscht bis in der Wälder Mitte:
Jagd ist Lust dort, nicht Gefahr.
Hier in eurem rauhen Norden
Ist's ein Krieg, ein Wechselmorden.
Hoch auf Felsen, wo der Aar
Um beeiste Spitzen kreiset,
Kämpfet in der Nacht der Föhren,
Trauend seinen Stahlgewehren,
Wild, der Jäger mit dem Bären,
Der ihn, wenn er fehlt, zerreißet.
Wölfe, nordische Hyänen,
Heulen in den Gründen, Klüfte gähnen
Plötzlich unter dem verirrten Tritt;
Schneegebirge rollen
Donnernd über Schollen,
Reißen den Schützen zum Abgrund mit!
Saget, Jerta, muß ich hier
Nicht für Hugo's Leben zagen?

Jerta.

Männer leben, um zu wagen,
Um zu lieben, leben wir;
Und hier lieben wir die Stärke,

Kund gethan durch blut'ge Werke
In der Schlacht und auf der Waid. —

Scherzend.

Männlich gesinnter, nordischer Maid
Kann die Angst den Sinn nicht trüben;
Denn — ihr ist ein Trost geblieben
Aus der grauen Runenzeit.
Unsichtbare Schwestern schirmen
Freundlich aus verfallnen Thürmen
Des geliebten Jägers Haupt. —
's kommt d'rauf an nur, daß man's glaubt! —

Elvire.

Oh! ihr wißt nicht —

Jerta fortfahrend.

Auszuweichen
Den Gefahren, mahnen ihn
Wohlbekannte Zauberzeichen,
Und an unheilsvollen Tagen,
Wo's unheimlich ist zu jagen,
Läßt die Maid ihn nimmer ziehn:
Denn sie hat aus Geistermunde

Von des Tages Unbill Kunde. —

Elvire schaudert zusammen.

Ihr erschreckt? — Was ist euch? —

Elvire.

Ich —

Spottet, aber höret mich!
Sinnig saß ich da im Düstern,
Ausgeklungen waren meiner
Harfe Lieder, Grabgedanken
Zogen schwarz in mir vorüber;
Da — mit grellem Schwirren sprang
Unberührt die straffe Saite!
's war ein Ton, wie wenn, vom Schusse
Schmerzlich in der Luft getroffen,
Laut der stolze Adler kreischet —
Und — des Nachhalls dumpfes Dröhnen
Gleich dem Stöhnen
Eines Sterbenden —

Jerta mit gutmüthiger Laune.

Ihr kennet
Nicht der nord'schen Geister Weise.

Jenseits eurer Pyrenäen
Mögen Zitherklänge wehen
Aus den unsichtbaren Höhen,
Und den schauerlichen Tiefen,
Wo die Zukunft wird gewoben.
Anders spricht die Geisterwelt
Diesseits des breiten Belt.
In des Schornsteins engen Lauf
Bläst der Wind mit vollen Backen.
Alle Thüren springen auf,
Alle Lichter löschen aus,
Schreiend fliegt der Storch vom Haus
Und die Tragebalken knacken. —
Eulen, groß wie Adler, hacken
An die Fenster, schwarze Katzen
Sprühen Funken im Kamin,
Und ein Heer von Teufelsfratzen
Tanzt in Flammen blau und grün.
Hörtet ihr, hart vor den Ohren,
Nicht den Uhu: „Hugo!“ schrein;
Mögt ihr ohne Sorge seyn,
Hugo ist euch unverloren.

Elvire.

Jerta! — Doch du meinst es gut,
Willst durch Scherze mich zerstreun,
Und besänftigen mein Blut.
Oh! wär's Ahndung nur allein!

Jerta.

Was ist's noch?

Elvire.

Vergangne Schmerzen,
Aufgeregt im tiefsten Herzen. —
Auf der Jagd fiel mein Gemahl
Karlos, meines Otto Vater.

Jerta.

Fiel?

Elvire.

Er stürzte mit dem Roß,
Und, im Fallen sich entladend,
Gab sein eigenes Geschoß
Ihm den Tod.

Jerta.

O, dann verzeihe
Meiner Laune Uebermuth.
Warum blieb mir das verborgen?

Elvire.

Deinen Bruder stimmt's nicht gut,
Wenn man von dem Unfall redet.
Karlos war sein Freund, war ihm
Seines Lebens Rettung schuldig.
Gläubiger und Schuldner liebten
Mehr als Brüder sich.

Jerta.

Du kanntest
Hugo schon bei Karlos Leben?

Elvire betroffen.

Nein — ja —

Jerta.

Wie? — Du lässest mir
Zwischen Ja und Nein die Wahl?

Hugo's Freund war dein Gemahl,
Also kanntet ihr euch?

Elvire.

Wir —

Nachdem sie sich gezwungen, Jerta anzusehen.

Schwester! — Oh, dein reiner Sinn
Wird den Stab Elviren brechen;
Aber aus muß ich es sprechen,
Was der Quell ist meiner Qual.
Hugo — — Ja, ich kannt' ihn — ich
Liebt' ihn schon bei Karlos Leben. —

Sie wendet sich ab. Jerta tritt mit dem Ausdruck der Mißbilligung von ihr weg. Nach einer Pause fährt Elvire fort.

Sieh, darum macht ein Blatt mich beben,
Das im Abendwinde rauscht.
Gott hat Hugo mir gegeben,
Doch die Rache, dünkt mich, lauscht
Mit dem Schwerte, scharf geschliffen,
Ob dem Haupt der Sünderin,
Deren Herz in wildem Sinn
Dem Verhängniß vorgegriffen.

Ewig zittern muß Elvire,
Daß sie plötzlich den Gewinn,
Den sie nicht verdient, verliere.

Jerta

kommt zurück, mit dem Ausdruck des Mitleids sie anblickend.

Daß du deinen Frieden trübtest,
Nimm als Straf' in Demuth hin.
Es ist Hugo, den du liebtest;
Hugo's Schwester ist es nicht,
Die den Stab Elviren bricht.

Sie umarmen sich bewegt, und gehn auseinander nach den Fenstern. Das Rauschen des Windes, schon früher hörbar, wird stärker und vernehmlicher durch die einige Sekunden herrschende Stille.

Elvire beklommen.

Horch, der Wind erwacht am Strand,
Und die Nordsee donnert ferne.
Ausgelöscht sind alle Sterne,
Und vom finstern Himmelsbogen
Kommt der Schnee im Sturm geflogen.
Wirbelnd, wie der Wüste Sand,

Stäubt er wieder auf vom Boden,
Und, wie Erde birgt die Todten,
Deckt er das erstarrte Land,
Aufgethürmt zu Grabeshügeln. —

Sie geht vom Fenster.

Mich umrauscht's mit Geierflügeln! —
Jerta! Jerta, lehre mich
Meine Angst um Hugo zügeln!

Jerta.

Ruhig! Es verlieret sich
Eine Schaar von Jagdgenossen,
Auf des Nordlands hohen Rossen,
In bekannten Wäldern nicht.
Wenn der Sterne Schein am Himmel
Wolken löschen, fällt das Licht,
Weich, in flockigem Gewimmel,
Nieder auf die dunklen Wege
Durch das felsige Gehege.
Schneelicht heißt es hier. — Ihr wißt
Nichts davon im heißen Süden.

Man hört sehr schwach und fern Jagdgetös, Hundegebell, und später das Rufen der Jagdhörner.

Elvire am Fenster.

Fern! Hörst du nichts? — Mir ist
Vor dem Ohr, als bellten Rüden.

Jerta tritt zu ihr.

Ja. — Sehr fern noch.

Elvire.

Nein, ich höre
Hörner schallen. — Horch! so rufen
Sich zerstreute Jäger an,
Daß man heim zusammen kehre.
Freudig, das Fenster verlassend.
Hugo kommt!

Jerta, die am Fenster blieb

Er ritt voran,
Mein' ich; denn von Rosses Hufen
Wird's im vordern Schloßhof laut.

Elvire.

O, Gottlob! — Wie eine Braut

Harr' ich seinem Gruß entgegen,
War er gleich nur Stunden aus.

Jerta in das Seitenzimmer rufend.

Lieber Otto, komm heraus!

Otto von innen.

Gleich.

Jerta noch in der Thür.

Geschwind! — Zusammenlegen
Kannst du später deine Bilder.
Komm, dein Vater und sein wilder,
Schwarzer Däne kommen.

Dritte Scene.

Die Vorigen. Otto.

Otto.

Wer?

Jerta.

Lauf hinab!

Otto.

Mein Vater? — Hör',
Wirst du das denn nie behalten?
Vater ist gestorben. Er
War nicht bürtig aus dem kalten
Land. — Herr Hugo Oerindur
Ist der Mutter Gatte nur.

Ab.

Vierte Scene.

Elvire. Jerta.

Elvire, welche im Begriff war, mit Otto zu gehen, kommt in den Vorgrund zurück.

Jerta.

Du gehst nicht hinab zur Pforte?

Elvire.

Kann ich? — Oh, des Knaben Worte
Lähmen meiner Freude Flügel.

Jerta.

Arme Schwester! Ich verstehe:
Dieser Knab', voll Mild' und Huld,
Zeigt, ein immer klarer Spiegel,
Dir das Bildniß deiner Schuld.

Elvire sehr bewegt.

Peinlich ist mir seine Nähe,
Und doch kann ich ihn nicht missen.

Ich begehre, daß er gehe,
Und bedeck' ihn doch mit Küssen! —
Was ist kinderlose Ehe?
Hugo liebt ihn väterlich,
Möchte gern im holden Knaben
Einen Sohn gewonnen haben;
Doch der Knabe liebt nur mich.
Der Natur gehrime Triebe
Wenden ihn von fremder Liebe,
Und ein unsichtbares Band
Zieht ihn nach dem Vaterland.
Zwischen uns so steht er, wie
Eine Mauer zwischen Flammen.
Ueber Otto schlagen sie
Hochauflodernd, wild zusammen;

Tief seufzend.

Aber — Eine wird es nie.

Fünfte Scene.

Die Vorigen. Otto. Bald darauf Kolbert.

Otto fröhlich.

Jerta! Mutter! Nicht Herr Hugo
Ist im Schloßhof eingeritten;
Fremde sind es. Und sie tragen
Zierlich unsres Landes Kleider,
Reden spanisch. — Ach, die schönen,
Langentbehrten Worte tönen
Wunderlieblich in mein Ohr!
Laß geschwind die Männer vor!

Kolbert.

Gnäd'ge Frau, ein fremder Herr,
Den des spanischen Gesandten
Diener hat zum Schloß geleitet,
Fragt nach dessen Herrn, dem Grafen
Derindur.

Elvire.

Sein Name?

Kolbert nachsinnend.

Don —
Sie verzeihn, die fremden Töne
Fassen sich so schwer — ich will —

Elvire.

Bleibt! Wer es auch möge seyn,
Sagt, daß wir des Grafen harren,
Und in des Gebäudes beste
Zimmer führt die Fremden ein.
Andre sorgen für's Gefolge.

Kolbert ab.

Otto.

Mutter, laß den span'schen Herrn
Mich begrüßen, nach der Sitte
Seines Landes.

Elvire.

Geh, doch frage
Nicht ihn unbescheiden aus,
Wer er sei.

Otto froh und mit Stolz.

Ein Spanier ist's!
Weiter brauch' ich nichts zu wissen.

Ab.

Sechste Scene.

Elvire. Jerta.

Elvire beunruhigt.

Jerta, was bedeutet das?

Jerta,

nachdem ihr Auge einige Sekunden auf Elviren geruht.

Ein Besuch aus einem Lande,
Wo mein Bruder lang gelebt,
Und sein Weib sich hergeholet,
Wird ihn weniger befremden,
Als er euch zu ängst'gen scheint.

Elvire.

Ich gesteh's, mir ist die Brust
Wie mit einem Stein beladen.

Jerta.

Ob und was zu fürchten ist,
Kann allein Elvire wissen;
Ich weiß Eins nur.

Elvire

Eins? und was?

Jerta.

Daß aus Spanien wenig Gutes
Noch für Hugo ist gekommen,
Ob ihr schon das Land so rühmet.

Elvire.

Wie soll ich die Rede deuten?

Jerta.

Aufgewachsen hoch im Norden,
G'rad und stolz wie unsre Tannen,
(Obwohl anderwärts geboren)
Schien er früh schon auserkohren
Zu der Zierde nord'scher Mannen.
Offen, wie des Himmels Blau,

Lag in seinem Aug' die Seele
Fremdem Auge da zur Schau,
Freundlich, fest und ohne Fehle.
Männer priesen laut den Krieger,
Stark, zu halten einen Thron;
Jungfrau'n, ihm die Myrthenkron'
Flechtend im verschwiegnen Busen,
Seufzten heimlich nach dem Sieger.

Elvire begeistert.

Ja, so war er anzuschauen,
Fremd, ein neuer Gott der Musen,
In des Ebro goldnen Auen.
So — so gab er Lust für Ruh! —
O, wie feurig führest du
Die Vertheid'gung meiner Triebe —
Feurig, wie ich d'rum dich liebe!

Sie umarmt Jerta.

Jerta ernst.

Ihr thut übel d'ran, denn wißt:
Wir sind Nebenbuhlerinnen.

Elvire verwundert.

Schwester!

Jerta.

Hugo, sorg' ich, ist
Nur der Abgott eurer Sinnen.

Innig.

Ich — ich lieb' ihn, Seel' um Seele,
Wie man droben liebt im Licht!
Daß zu eurem Glück nichts fehle,
Habt ihr an euch ihn gerissen;
Ich will ihn, ihn glücklich wissen,
Und — ich fürcht', er ist es nicht.

Elvire.

Wie? nicht glücklich? — Er ist mein!
Liebt er mich, so muß er's seyn.

Jerta

mit einem wehmüthigen Lächeln und verneinender Kopfbewegung.

Singend zieht der weiße Schwan,
In der Brust den tiefen Frieden,
Wenn der Winter kommt, nach Süden,

Durch der Lüfte freie Bahn;
Und mit glänzenderm Gefieder,
Singend, wie er ist geschieden,
Kehrt er aus der Fremde wieder.
Nicht so Hugo. — Fortgezogen
Ist er auf dem Segelkahn,
Durch das Reich der blauen Wogen,
Heiter, wie der weiße Schwan,
Kräftig, wie der junge Aar;
Aber, was er scheidend war,
Ist nicht wieder heimgekehrt,
Zu dem väterlichen Herd.
Wie in eurem Busen, rasen
Stürme wilder Leidenschaft
In dem seinigen, und blasen
Aus die Fackel seiner Kraft.
Seine fest verschloß'ne Brust
Bei dem Drang' nach wilder Lust;
Seine scheuen, düstern Blicke,
Die, wenn sie in eure sehn,
Glut in Gluten untergehn —
Ach — sie zeugen nicht von Glücke!
Glück ist ohne Frieden nicht.

Elvire.

Eine Wahrheit, die ich fühle
Tief im stets bewegten Blut.
Kannst du es, wohlan, so kühle,
Reine Seele, unsre Glut!
Oder — schweig, und laß gewähren,
Laß sich Flamm' in Flamm' verzehren!

Sie will ab, Kolbert tritt ihr entgegen.

Was — was ist's?

Siebente Scene.

Kolbert. Die Vorigen.

Kolbert.

Der Bot' ist wieder
Da, den man hinausgesendet
Auf den Weg zum großen Forste.

Elvire froh.

Kommt der Graf?

Kolbert.

Er — wird vermißt.

Elvire wankend vor Schreck.

Gott!

Jerta dringend.

Vermißt?

Kolbert.

Seit einer Stunde
Rufen schon von allen Bergen
Ihn die Jäger mit den Hörnern.
Er und Holm, der Reitknecht, fehlen.

Jerta.

Ha, so zündet Fackeln an,
Und hinaus, was in dem Schlosse
Nur entbehret werden kann!
Aus den Ställen alle Rosse,
Eins mir selbst!

Kolbert ab.

Elvire.

Ihr wolltet —?

Jerta.

Ich

Handle lieber, wo ihr zittert. —
Feile Diener machen sich
Leicht die Arbeit, wenn man ihnen
Niemand vorsetzt, der sie zwingt,
Ihrem Herrn mit Ernst zu dienen.

Elvire.

Ich will mit!

Jerta.

Ihr seid zu zart
Für ein Wetter solcher Art;
Mag ich selbst doch unverwahrt
Nicht hinaus.

Sie geht in das Nebenzimmer.

Elvire nach kurzer Pause.

Ich muß vergehen
In der Angst, eh' ich erfahre,

Ob das Schreckliche geschehen,
Was der Riß der Saite —

Man hört nahes, fröhliches Hörnergetön.

Ha,
Jerta! — Hört ihr die Fanfare
Vor dem Thor? — durch Sturm und Wetter
Tönt das freudige Geschmetter
Es herauf: Der Graf ist nah!

Jerta im Pelz heraustretend.

Desto besser.

Achte Scene.

Holm. Die Vorigen.

Holm.

Gnäd'ge Frauen,
Ich soll höflich euch vermelden,
Daß ich heim bin, und der Herr.

Elvire.

Wo?

Holm.

Er geht nach seinen Zimmern.

Elvire.

Nicht zu mir?

Holm.

Er kann sich so,
Wie er ist, nicht sehen lassen,
Voller Blut!

Elvire bestürzt.

Um Gotteswillen!
Hugo blutet?

Holm.

Nein, 's ist Schweiß
Eines Ebers, wie sie's nennen.

Elvire geht beruhigt in den Vorgrund, Holm folgt ihr einige Schritte.

Ja, das hätt' ich euch gewünscht,
Daß ihr's hättet sehen können.

Jerta.

Was?

Holm zu Jerta gewandt.

Den Herrn und diesen Keiler.
Unser Haro fand die Spur;
„'s ist noch zeitig," sagt' er, 'nämlich
Der Herr Graf — Es war fünf Uhr —
Und so ging's in Gottes Namen,
Ohne Büchs' und ohne Horn,
Die der Herr schon abgegeben,
Waldwärts über Stock und Dorn.
Ungefähr nach einer Stunde
Kriegten wir den Burschen auf.
„Hussa!" rief der Herr. Die Hunde
Fielen wie die Löwen drauf:
Aber — rechts und links hin flogen
Sie gerissen in den Schnee.
Der Herr Graf wollt' mit dem Spieße
Drauf; der Rapp' stieg in die Höh —
Ließ sich unsre Hunde eine
Warnung seyn, und mocht' nicht 'ran.

Also 'runter! — Auf der Stelle
Nahm ihn auch der Eber an.

Elvire hört von hier an wieder mit ängstlicher Theilnahme zu.

Der Herr Graf stand noch nicht feste,
Und — daß Gott! schief ging der Fang.
Blitz noch eins! da wurd' mir bang!
Aber eh' das Thier sich wieder
Wandte, fiel der gnäd'ge Herr,
Selber wüthend, wie der Keiler,
Mit den Fäusten drüber her;
Riß ihn, wie er war, zu Boden —
Ich, nicht faul, sprang auf den Wanst —
Und nun bohrt' er mit dem Fänger
Und dem Messer, was du kannst,
Ihn so lang' in Brust und Kehle,
Bis er seinen letzten Schweiß
Vollends ausgeröchelt hatte.
Er war kalt, wir waren heiß.

Elvire, die sich schaudernd abgewandt.

Welch ein gräßliches Vergnügen!

Holm.

Nun, wir ließen ihn denn liegen;
Aber nun ist alles 'naus,
Und noch heute muß der Dicke
Auf dem Schlitten hier in's Haus. —

Jerta.

Sag' dem Grafen, daß er schicke,
Wenn er umgekleidet ist.

Holm.

Wohl.

Ab.

Neunte Scene.

Jerta. Elvire, die, von der Erzählung angegriffen, sich an einen Stuhl hält.

Jerta.

Wie wird euch? — Eure Blicke
Sind verstört, was —?

Elvire.

Die Beschreibung!
Wahr, lebendig bis zum schauen!
Gräulich!

Jerta.

Sicher Uebertreibung.
Wer den Strauch mit umgehauen,
Macht daraus gern einen Baum.

Elvire aus Phantasieen aufseufzend

Oh! Er ist ein reißend Thier!

Jerta befremdet.

Wer?

Elvire.

Der Hugo.

Jerta.

Träumet ihr?

Elvire.

Ja, ein fürchterlicher Traum

Meiner ersten seel'gen Nacht
Wiederholt sich meiner Seele.
Hugo wähnt' ich zu umfassen,
Und — ein Tiger sah mich an.
Ich vermocht' ihn nicht zu lassen,
Und — indem ich es erzähle,
Faßt es mich wie Fieberwahn —
Küßt' ihm Klau und blut'gen Zahn,
Er —

Sie hält von Vorstellungen überwältiget inne.

Jerta.

Erhitzten Blutes Bilder!

Elvire.

Oh! zu wahr, zu ähnlich nur!
Sagt es selbst, wird Derindur
Täglich kühner nicht und wilder?
Schaudernd, will er mich umfassen,
Stürz' ich mich an seine Brust.
's ist ein Tiger, den du hassen,
Oder für ihn glühen mußt!

Wenn er sanft sich an mich lehnet,
Wenn er seufzet und sich sehnet,
Wenn sein Auge Küsse heischet:
Blitzt's oft furchtbar d'rinn empor.
Es durchzuckt mich, wie ein Strahl,
Und der Gatte meiner Wahl
Kommt mir wie ein Raubthier vor,
Das mich liebt, und mich zerfleischet.

Nach einer Pause feierlich.

Jungfrau! Mag euch Gott behüten
Vor dem innerlichen Wüthen,
Das mich von und zu ihm reißt!

Ab.

Jerta, nachdem sie ihr nachgesehen.

Ist es diese Qual, die „lieben“
In den heißen Zonen heißt?

Tief bewegt.

Oh! Wär Hugo heim geblieben!

Ende des ersten Akts.

Zweiter Akt.

Hugo's Zimmer mit einer Flügelthüre im Prospekt.

Erste Scene.

Hugo in reicher Hauskleidung auf einem Sopha ruhend. Auf den Tischen tief herabgebrannte Kerzen. Nach einigen Sekunden tritt Jerta ein.

Jerta.

Wilder, schweißbefleckter Jäger,
Bist du endlich sichtbar wieder?

Hugo ohne aufzustehen.

Sichtbar, rein von jedem Makel.

Jerta.

Und ermattet, wie es scheint.

Hugo.

Ja — Gottlob! — — Der Leib allein
Stört das Gleichgewicht der Seele,
Lehrt sie scheuen und begehren.
Zu ermatten — darum jag' ich;
Bin ich müd', so hab' ich Ruhe.

Jerta auf das Herz deutend.

Hier? Die hattest du sonst immer.

Hugo.

Sonst! — ja — sonst —

Er verliert sich in Gedanken, und sagt nach geraumer Pause, als ob er Jerta's Gegenwart vergessen hätte.

Wer das erfände!

Jerta.

Was erfände!

Hugo.

Nichts! — — Die Kunst,
Wie man gestern macht zu heut,

Sonst zu jetzt, und jetzt — zu nichts.
Nichts! — —

Nach merklicher Pause.

Wo ist Elvire? Kommt
Sie nicht auch?

Jerta.

Sie ist — sie war,
Will ich sagen —

Hugo einfallend.

Willst du? Sieh,
War und ist — da hast du's wieder!
Sonst und jetzt, und heut und gestern.
Sonst war's anders. Froh entgegen
Flog sie mir, trat ich in's Haus;
Jetzt — ?

Jerta.

Groß Unrecht thust du ihr.
Sie hat fürchterliche Angst
Ausgestanden deinetwillen,
Als du ausbliebst in die Nacht.

Hugo.

Warum säumt sie? Ich bin heim,
Bangt ihr noch?

Jerta.

Nein; doch erschüttert,
Tief erschüttert hat die Mähr,
Die uns Holm sogleich erzählte,
Ihre weich geschaffne Seele.

Hugo in Gedanken.

Welche Mähr?

Jerta.

Wie dich der Eber
Angegriffen, und du ihn
Hast bezwungen und getödtet,
Simson gleich, der mit den Händen
Einen Löwen hat zerrissen.

Hugo ist aufgestanden.

'S ist ein Narr, der Holm — ein Schwätzer!
Es war nichts. Mein Ungeschick

Zwang mich, etwas unsanft ihm
Hinzuhelfen. 's thut mir leid,
Hatt' auch gänzlich nicht Gefahr;
Aber — für Elviren war
Die Geschichte nicht.

Jerta.

So scheint's!
Einer Leiche gleich, die mit
Offnen Augen ist gestorben,
Sah sie drein, als Holm geendet;
Hielt sich auf den Füßen kaum,
Nannte dich — ein reißend Thier! —
Einen fürchterlichen Traum,
In der Brautnacht ihr gesendet,
Fing sie an, mir zu erzählen —

Hugo wendet sich zum Abgehen.

Du gehst fort?

Hugo.

Ich will zu ihr,
Wenn ihr Herz sich von mir wendet,

Muß ich's wieder mir vermählen;
Nur den Fernen kann sie hassen.

Jerta.

Laß ihr Zeit noch, sich zu fassen,
Lieber, und vertraue mir,
Deiner Jerta, die dich liebet,
Was den Frieden Hugo's trübet?
Wechselseit'ge Glut begegnet
Sich in eurem trunknen Blick;
Ihr besitzet euch, das Band
Ist von Priesterhand gesegnet —

Hugo halb vor sich.

Nicht von Gott!

Jerta.

Der Herzen Bund
Wird ja kinderlos nicht bleiben!
Was, ich bitte dich, was kann
So euch hin und wieder treiben,
Wie zwei Schiffe eines Herrn,

Die der Sturm im offnen Meere
Trennt, und an einander schleudert?

Hugo.

Weiß ich's selbst? —— Mich dünket: Nie
Sollten Nord und Süd sich küssen,
Pole sind es Eines Stabes,
Ihre Axe trennet sie.
Hat die dunkle Macht des Triebes,
Stark, den Stab zum Ring gebogen,
Und den Pol zum Pol gezogen,
Müssen sie sich mächtig fassen.
Aber immer will der Ring,
Wie gespannten Bogens Stahl,
Wieder auf zum Stabe schnellen,
Und was Eins ist, will sich lassen.

Jerta.

Räthselhaftes aufzuhellen,
Zu erklären solchen Streit,
Will ein Gleichniß nicht genügen.

Hugo.

Mehr vermag ich nicht zu geben.

Selbst ein Räthsel — schwer zu lösen —
Bin ich mir: denn Pol und Pol
Einen sich in meinem Wesen.
Hier erzogen, dort geboren,
Bin ich hier und dort nicht heim.
Fremde Wurzel diesem Boden,
Fremder Wipfel jener Luft:
Tief am Stamm vom Nord erkältet,
Hoch im Laub vom Süd entflammt,
Ein' ich in mir Gluth und Fluth —
Erd' und Himmel — Gepreßt. Gott und Teufel.

Jerta.

Wunderlich verworr'ne Träume!
Sahst du gleich das Licht der Welt
Unter Spaniens heißer Sonne,
Waren unsre Aeltern doch
Beid' aus Nordlands Heldenstämmen.

Hugo übereilt.

Deine, ja; doch meine nicht.

Jerta verwundert.

Wie?

Hugo

stutzt, als er bemerkt, daß er gesagt, was er nicht wollte, dann ruhig.

Es ist kein Grund vorhanden,
Daß ich länger dir verschweige,
Was dein Vater mir enthüllte,
Als er, in der Schlacht verwundet,
Hinter'm sieggekrönten Heere,
Nach drei hoffnungslosen Tagen
Sanft verschied in meinen Armen.

Jerta.

Ah! Was werd' ich hören müssen?

Hugo.

Daß ich nicht dein Bruder bin.

Jerta.

sinkt mit verhülltem Gesicht in einen Sessel.

Oh! ich Aermste! —

Plötzlich springt sie wieder auf.

Gott! — warum —?

Hugo.

Was ergreift dich?

Jerta mit Mühe gefaßt.

Nichts. — Erzähle!

Hugo.

Edwin, Graf von Derindur,
Dein erlauchter Vater, war
Seines Stammes letzter Sprosse.
All' sein Gut war lehenbar,
Wurd' verdient mit Lanz' und Rosse,
Und die zögernde Natur
Schien den Erben zu versagen,
Fähig, Land zu Lehn zu tragen.
Endlich beut sich Hoffnung dar;
Doch der zarten Gräfin Schwäche
Läßt besorgen, daß die Frucht
Das erkrankte Bäumchen breche.
Aerzte, früh um Hülf' ersucht,
Weisen sie mit Mund und Feder
In die Pyrenäenbäder,
In die Lüft der wärmern Zone.

Eine Dame, fern verwandt
Einem ketzerischen Throne,
(So wird unsrer dort genannt)
Konnte sich in jenen Tagen
In ein anders glaubend Land
Nicht mit ihrem Namen wagen.
Ein katholisch-deutsches Haus
Half ihr gern mit seinem aus.
Darum ward der deutsche Name,
Hugo, auch dem Sohn gegeben,
Dessen sie genaß im Süden.
Das mit Müh geborgne Leben
Wie des Knaben, so der Dame,
Ließ die Heimkehr lang nicht zu.
Edwin, für des Reiches Ruh
Kämpfend, gab ihm spät den Frieden
Mit dem stolzen Feind in Osten,
Und so ging's in's dritte Jahr,
Eh' es ihm beschieden war,
Seiner Freude Kelch zu kosten.
Hanna, deine Mutter, glühte,
Ihm das Kind, das freundlich blühte,
In den Vaterarm zu legen:

Anders stand's in Gottes Buch,
Und sie mußte seinen Segen
Legen in ein Leichentuch.

Jerta tief gerührt.

Arme, arme Mutter!

Hugo.

Eine
Reich're nahm sich ihrer an.
Daß nur sie, nicht Edwin weine,
Ward ein seltnes Werk gethan.
Eine Freundin, dort erworben,
Von kastilischem Geschlecht,
(Ihren Namen nie zu nennen,
Hatte Hanna ihr geschworen)
Gab ihr Kind, von gleichem Alter,
Der Verzweifelnden zu eigen.

Jerta.

Ist das möglich? Eine Mutter?

Hugo finster.

Meine Mutter hat's gethan.

Ich bin der verschenkte Knabe
Aus kastilischem Geschlechte,
Das ich nicht zu nennen weiß.

Jerta.

Das ich nimmer kennen möchte,
Weil es solche Mutter hatte.

Hugo.

Lang getäuscht ward Hanna's Gatte,
Und ich galt ihm für den Sohn,
Bis ihm Jerta ward geboren.
Da verrieth sich Hanna. Er
Wollte, daß der Name mir
Bliebe, den sie mir gegeben;
Doch zu stolz, zu hintergehen,
Zeigt er, als sie heimgegangen,
Es dem Lehnherrn an. Die Antwort
War ein königlich Diplom,
Eigenhändig und geheim
Ausgefertigt, dieses Inhalts:
„Das Geschlecht der Derindur,
„Unsres Thrones feste Säule,

„Soll bestehn, ob die Natur
„Auch damit zu Ende eile.
„Wem der Letzte diesen Brief
„Uebergab, als er entschlief,
„Sonder Ansehn Mann's noch Weibes,
„Ist beliehn auf ew'ge Zeiten
„Mit des Stammes Land und Leuten,
„Samt den Erben seines Leibes."
Mit der Schrift, die, nah am Grab,
Mir Graf Edwin übergab,
Tauscht' er mir die Ruhe ab.

Weg von hier, wo niemand mir verwandt,
Zog das Band
Der allmächtigen Natur
Mich zum Land
Goldner Flur,
Das in dunklen, früh empfangnen Bildern,
Winkend durch den Nebeltag,
Vor mir lag,
Wie die Vorwelt auf der Ahnen Schildern.

Um den Aeltern nachzuspüren,
Zog ich hin, und fand Elviren,
Die es spät erst mir gelang,

Nach dem Norden heimzuführen,
Und die nun derselbe Drang
Wieder abwärts treibt nach Süden.

Jerta in rührendem Schmerz.

Oh, leb' wohl, mein goldner Frieden!

Hugo.

Jerta! Was bewegt dich so?

Jerta.

Namenloser! Kannst du fragen?
Denk' an unsre Kinderzeit,
Und wie wir herangewachsen,
Nachbarblüthen Eines Stieles!
Alle Ranken meines Herzens
Schlangen sich an deines an.
Heilig hatt' ein schöner Wahn
Meine Zärtlichkeit gesprochen —

Zu sanftem Weinen übergehend.

Nun sein Siegel ist gebrochen,
Bricht mein Herz dem Siegel nach!

Hugo.

Jerta! Mädchen! — Fasse dich,
Und vergiß, was Hugo sprach!
Lieb ihn ferner! Brüderlich
Wird er ewig an dir hangen.

Jerta

nach langsamer, verneinender Kopfbewegung.

Nein, das Traumbild ist zergangen,
Und entfesselt die Natur.
Nie mehr darf ich dich umfangen,
Denn du bist kein Oerindur.
Zwischen Lieben und Verlangen
Ist die Scheidewand gefallen! —
Fliehn aus meiner Väter Hallen,
Wo dein Schweigen mich getäuschet,
Muß ich, wenn dein Weib es heischet.

Ab.

Zweite Scene.

Hugo

allein, nachdem er ihr lang nachgesehen.

Ja! Sie ist ein Engel! — So
Stand sie vormals mir zur Seite,
Daß sie mich zum Himmel leite.
Da ich von ihr bin geschieden,
War's geschehn um meinen Frieden;
Hugo wird nicht wieder froh!

Er versinkt in Gedanken.

Dritte Scene.

Hugo. Otto.

Otto.

Nun, Herr Hugo, bist du heim?

Hugo scherzend.

Ja, Don Otto! Wie du siehest.

Otto.

Spottest du des deutschen Namen,
Den der span'sche Knabe führt?
Du hast recht. Auch mir gefällt
Er nicht sonderlich. Ich möchte
Karlos, wie mein Vater heißen!
Seine Mutter, sagt Elvire,
Wollte, daß ich Otto hieße.
Otto? — Nun, 's ist nicht zu ändern;
Hugo lautet übler noch.
Aber Eines könntest du
Mir zum Troste wohl erlauben.

Hugo.

Wenn dir's gut ist, gern. Was ist's?

Otto.

Laß mich wieder Kleider tragen,
Wie man sie am Ebro trägt.

Hugo.

Nein, mein Kind, das ist gefährlich,
Hier ist's kalt; auch würde man
Nur des fremden Putzes lachen.

Otto.

Nicht doch! Sieh den Fremden nur –

Hugo.

Welchen Fremden?

Otto.

Der gekommen
Kurz vor dir, durch Frost und Wetter.
Hat man dir's noch nicht erzählt?

Hugo.

Nein.

Otto.

Nun, siehst du, niemand lachet
Ueber diesen alten Mann,
Und doch trägt er seines Landes
Leichte Tracht auch hier. — Er ähnelt
Meinem Vater d'rinn —

Hugo.

Er ist
Spanier?

Otto.

Ei, ja wohl!

Hugo dringend.

Wie heißt er?

Otto.

Ihn zu fragen, hat die Mutter
Streng verboten; ungefragt
Aber hat er mir gesagt,
Daß er sei aus unsrem Land,
Und der Mutter anverwandt.
Alles kennt er in Tortosa,
Und beschrieben hat er mir
Meine Tante, Donna Rosa,
Wie sie leibt und lebt, und — lächelnd. schmält.
Sicher wird er dir gefallen.

Hugo vor sich.

Schwerlich — Hm! Warum just heut?
Dieser Tag ist nicht der beste,
Einen Spanier zu empfangen.

Otto.

Er ist gut und trägt Verlangen
Dich zu sehen. Soll er kommen?

Hugo.

Nein, noch nicht! Bis ich vernommen
Von Elviren —

Vierte Scene.

Elvire. Die Vorigen.

Elvire

tritt im heftigsten Affekt ein, sie kann kaum sprechen.

Hugo! —

Sie tritt nah an ihn und sagt mit gellendem Tone:

Jerta!

Hugo.

Was soll dieser Blick bedeuten,
Und der schneidend laute Ton?

Elvire.

Ha, Verräther! — Bleichst du nicht,
Wenn ich Jerta's Namen nenne?

Hugo.

Du bist sinnlos!

Elvire.

Daß ich's wäre!
Oh, Elvire! — So betrogen —
So zerrissen dieses Herz!

Otto.

Sag', Herr Graf, was hat die Mutter?

Hugo.

Du vermagst es nicht zu fassen.
Schlangen, von der Furie Scheitel,
Winden sich um ihre Brust;
Laß uns, bis sie ist genesen.

Otto geht ab.

Elvire

aufstehend aus dem Sessel, in den sie sich geworfen hat.

Darum mußtest du zurück
Nach dem frosterstarrten Norden,
Weil du eine Blume wußtest,
Dir erblühend unter'm Schnee?
　　Darum ward ich weggelockt
Von dem heimathlichen Herde,
Von der Gottgeweihten Erde,
Wo die Jungfrau man verehrt,
Daß du hier die Jungfrau lieben,
Und die Gattin opfern könntest?
　　Darum nannte diese Schwester
Heute sich mit frecher Stirne
Meine Nebenbuhlerin —

Hugo stark.

Halt! — Geuß aus dein Gift, daß es
Seine Schale nicht zerfresse!
Doch auf mich nur, nicht auf diese
Reine Seraphseele.

Elvire.

Nein?
Oh, vertheid'ge sie, ich flehe!
Sie und dich vertheidige!
Oder — kannst du's nicht, gestehe!
Nur Gewißheit gieb mir, daß ich
Lebe, oder untergehe!

Hugo.

Soll ich Heiliges vertreten
Gegen schmählichen Verdacht?
Wie die Engel Menschen lieben,
Ist ihr Herz mir zugewandt;
Und wie du zur Jungfrau betest,
Schaut mein Aug' empor zu ihr.

Elvire.

Nein, ihr sollt nicht! Ich allein,
Ich will dich besitzen! — Mein,
Keines Engels sollst du seyn!
Gottes selbst nicht!

Hugo.

Rasende?
Lästre! Lästre seine Donner
Nieder nur auf unser Haupt!
Wie du sagst, so, fürcht' ich, ist es:
Als ich dich begann zu lieben,
Hab' der Höll' ich mich verschrieben.

Elvire.

Oh, mein Kopf brennt fieberisch! —

Nach einer Pause.

Als sie heute dich beschrieb,
Wie du, stolz gleich Nordens Tannen,
Eine Zierde seiner Mannen,
Aufgewachsen neben ihr;
Wie sie mir den Krieger malte,
Mächtig, einen Thron zu bauen,
Und den Sieger, zarten Frauen
Heiß ersehnt in stiller Brust —
Warum strahlte
Da von Lust
Ihr Gesicht?

Warum hehlte
Sie der Freundin
Mondenlang,
Daß das Band des Blutes fehlte?

Hugo.

Ungerechte! Weil ich es
Heute, jetzt erst ihr erzählte.

Elvire zweifelnd.

Wie? Sie wußte nicht —? Und du?

Hugo.

Nicht zu stören ihre Ruh,
Barg ich es der Aelternlosen,
Daß sie keinen Bruder habe.
Als ich's ausgesprochen, weinte
Sie um das zerriss'ne Band,
Das uns seelig sonst vereinte.
Zwischen uns die Scheidewand,
Die gesunkne, neu zu bauen,
Ging sie, dir sich zu vertrauen.

Elvire.

Wenn du wahr sprächst! — Sieh, ich ließ
Sie nicht enden; wüthend stieß
Ich sie weg von meiner Brust.
Wenn sie's wirklich nicht gewußt —!

Hugo.

Hätte sie's bis jetzt verschwiegen,
Warum sagte sie es jetzt?

Elvire mit Rückkehr.

Hugo!

Hugo.

Folge deinem Blut,
Das, gekocht am Strahl in Süden,
Nur im Morde findet Frieden,
Wenn es Eifersucht bewegt.
Misch' ihr Gift! Ich weiß, du hast
Stets davon nach eurer Sitte.
Mich durchstoß in der Umarmung,
Mit dem Stahle, den du trägst,
Und, wahrhaft mich zu besitzen,

Saug' das Blut mir aus der Brust,
Daß es, wie die Milch der Mutter,
Dich durchdring' im tiefsten Leben!

Elvire zagend.

Hugo! — Kannst du mir vergeben?

Hugo.

Ich beklage dich und mich.

Elvire.

Kann es Jerta?

Hugo.

Sicherlich!
Sie, sich keiner Schuld bewußt,
Darf die Stirne frei erheben,
Und verachten den Verdacht.
Wir — nun ja, wir haben Macht,
Unsrer Treue nicht zu trauen,
Wenn wir — Halb vor sich. wenn wir rückwärts
schauen.

Elvire erschüttert.

Hugo! — Woran mahnst du mich!
Karlos Gattin liebte dich;
Darum quält die Eifersucht
Furienartig nun die deine.

Hugo dumpf.

Heut! — ja, ja! — Heut ist verflucht.

Elvire ängstlich.

Heut? — Was meinst du?

Hugo.

Was ich meine?
Ist's der Tag nicht, wo er sich
Hat erschossen —?

Elvire sich verhüllend.

Oh! Allmächtiger!

Die Kerzen sind nach und nach verloschen, und das Theater wird düster.

Hugo.

Weißt du noch? In der Kapelle —
Wie wir da uns heimlich sprachen
Auf den Särgen deiner Väter?
Und — wie am Begräbnißtage,
Innen Lust und außen Klage,
Wir —

Elvire.

Halt ein, du tödtest mich!

Hugo

nach geraumer Pause, dumpf, am Ende mit Geisterfurcht.

Wenn er käme — käm' in dieser
Bösen Stunde, wo die Liebe —
Ausgebrannt, wie diese Kerzen,
Aufgezehrt vom Sinnentriebe —
Nicht mehr leuchtet in den Herzen!
Wenn er stieg aus deiner Ahnen
Gruft, uns daran jetzt zu mahnen —
Jetzt — —

Elvire schaudernd.

Entsetzlich!

Kurze Stille. Es wird geklopft, Hugo und Elvire fahren tief erschreckt zusammen.

Beide.

Ha!

Fünfte Scene.

Die Vorigen. Valeros tritt ein, Otto an der Hand, welcher ein Licht hält.

Hugo,

der furchtsam sich nach der Thür gewendet, und einige Schritte dahin gethan, prallt entsetzt zurück.

Sein Geist!

Valeros bleibt bestürzt stehen.

Wie? — Zu Otto. Du irrst im Zimmer, Kleiner,
Ist das —?

Elvire ihn in's Auge fassend.

Don Valeros!

Hugo.

Wer?

Elvire.

Karlos Vater!

Valeros.

Ihr erkennt mich?

Elvire.

Ja, ihr seid's! Verzeiht — Ihr findet —

Valeros.

Mir verzeihet, und dem Knaben,
Der nicht mehr zu halten war,
Als ich einmal mich entdeckt.
Wenn ich, ungemeldet kommend,
Wie ein Geist euch hab' erschreckt:

Biet' ich euch die Hand, zum Bürgen,
Daß ich lebe.

Elvire küßt seine Hand mit Innigkeit. Er umarmt sie gerührt.

Tochter! Zu Hugo. Ihr
Seht mich heut zum ersten Male.
Daß mir's zukommt, eure Dame
„Tochter“ zu begrüßen, mag
Sie, und dieser Brief bewähren,
Des Gesandten Hand und Siegel.

Hugo,

der den Brief nahm, ohne das Auge von Valeros Gesicht wegzuwenden.

O, fürwahr, ihr braucht der Zeugen
Nicht — die Aehnlichkeit mit Karlos —

Valeros weich.

Sie ist alles — alles, was
Mir geblieben ist vom Sohne!

Nach einer Pause.

Ihr, Herr Graf, ihr seid der Erbe
Seiner beiden schönsten Güter:

Seiner Wittwe Gatte, seines
Sohnes Vater! Beider Liebe
Ist eu'r Eigenthum geworden.
Ich — hab' niemand. — — Mögt ihr's tadeln,
Daß der Arme mit dem Reichen
Solches Erbe kommt zu theilen?

Hugo giebt ihm die Hand.

Seid willkommen, Ritter!

Elvire.

Euch
Konnten wir uns nicht vermuthen.

Hugo.

Wenn mir recht ist, war't ihr ja
In Westindien Gouverneur?

Valeros.

Vor neun Jahren zog ich hin,
Mir das goldne Vließ zu holen,
Das den Spanier ewig lockt.
Ich errang's; doch minder glücklich

Als der Argonauten Führer,
Der ein Weib **fand** über Meer,
Hab' ich **meines** dort **begraben**.
Glücklich einen Sohn zu haben,
Der, geehrt im Mutterland,
Trost und Ruh mir konnte geben,
Ward die Bitte fortgesandt,
Mich des Amts zu überheben.
Die Gewährung kam; dabei
Lag die Nachricht, Karlos sei —

Sehr weich.

Eingegangen in das Leben.

Nach einer Pause der Erholung.

Günstig linde Lüfte dehnten
Weit des Schiffes Flügel aus,
Und das leicht bewegte Haus
Trug die Pilger, die sich sehnten
Nach der Heimath, fröhlich fort.
„Land!“ erscholl's; an straffen Tauen
Klimmten sie empor vom Bord,
Spaniens Küste zu beschauen,
Die im sonnenhellen Tag
Auf der See, wie Nebel lag. —

Wehmuth nicht; ein seltsam Grauen
Faßte mich, als ich den blauen
Nebel sich gestalten sah.
Bilder, dunkel und doch nah,
Hingen drohend um mich her.
Bang und schwer
Trat ich auf der Heimath Boden.
Weinen wollt' ich um den Todten;
Aber keine Thräne rollte,
Und, wie vor mir selbst entsetzt,
Stand ich vor Tortosa's Thoren.
Nicht, als hätt' ich ihn *verloren* —
Nein, mir war, als ob ich jetzt,
Jetzt erst ihn *verlieren* sollte.

Hugo wankt und hält sich an einem Stuhl.

Fehlt euch etwas, Graf? Ihr seid
Blaß!

Hugo sich erholend.

Ein Schwindel. — Uebelkeit
Von der Anstrengung der Jagd.

Elvire bestürzt.

Lieber Hugo!

Hugo.

Wie gesagt,
Nichts. — Nichts, was euch dürfte stören,
Sprecht nur fort, und laßt mich hören!
'S ist vorüber.

Valeros.

Nein, fürwahr!
Wenn ihr krank seid, möcht' ich euch,
Was zurück ist, nicht erzählen.

Elvire.

Soll uns dunkles Ahnden quälen?
Redet!

Valeros zu ihr tretend.

Saht ihr Karlos Leich
Auf der Bahre?

Elvire.

Nein; ich war
Außer Stand —

Valeros.

Im Sarge?

Elvire.

Nein.

Otto.

Ich — ich habe sie gesehn!
Schwarz behangen war der Saal,
Aber hell vom Kerzenschein,
Und im Bette, lang und schmal,
Lag der Vater, bleich, doch schön,
Wie ein weißes Marmorbild —
Sichtbar nur bis an die Brust,
Die der Sammetmantel deckte
Mit dem Calatravasterne. —

Mit Thränen in den Augen.

Viele, aus der Näh und Ferne
Kamen, weinten sehr und küßten
Ihm des Mantels goldnen Saum:
Denn den Sammet aufzuheben,
Und die Hände zu berühren,

War verboten, weil man ihn
Köstlich balsamiret hatte.

Valeros.

Oh! hätt' ich ihn nie gesehen
In dem lang verschloss'nen Sarg,
Der das Grausende verbarg!
Ist es — ist es **nicht** geschehen —?
Einerlei! Für mich ist's da,
Was mein inn'res Auge sah,
Als der Deckel war gehoben,
Und der Mantel weggezogen!

Elvire geängstiget.

Was? — ich bitt' euch, Vater, was?

Valeros

seine Kraft zusammen nehmend zu der Schilderung.

Eine Hand auf seiner Wunde,
Und den rechten Arm gespannt,
Niederwärts, die Faust geballt,
Und der Augen hohe Bogen
Wie im Zorn herabgezogen,

Schien der stumme Mund zu sagen:
„Räche mich! ich bin — erschlagen!“

Elvire.

Jesus Christus! — Wenn das wäre!

Hugo

bleich, mit wankenden Knieen, am Stuhl sich haltend, und mit starren Blicken.

Ja, das wär' entsetzlich!

Otto zu Valeros.

Höre,
Schweig davon! Herr Hugo ist
Krank jetzt —

Hugo mit Anstrengung rasch.

Schweig du selbst! — du bist
Kindisch! — Weiter, weiter nur!
Eure Ahndung — keine Spur —?

Valeros.

Wie er da im Sarge lag,
Fand man ihn im Walde. — So,

(Das bezeugten seine Diener,
Die mich in die Gruft geleitet)
So die Hand, den Arm, die Miene —
Nirgends weiter eine Wunde,
Als der Kugel Weg durch's Herz!
Und die Hand wie angewachsen
Auf der Wunde, und die Faust
Nicht zu öffnen, und der Arm
Nicht zu beugen an der Leiche!
　　Vor mir, in mir ging es auf,
Wie ein Nordlicht, das den Wald
Blutigroth und matt beleuchtet.
Nicht ein Argwohn war's; ein Schauen
Und ein Drängen nach der Gegend,
Die des Nordlichts Graus gebiert.
So durch Frankreich zog's mit mir,
Und durch Deutschland, über'n Belt,
Bis zu euren Eisgebirgen.
　　Rachsucht nicht — nicht die Begier
Seinen Mörder zu erwürgen,
Ist es, was mich durch die Welt
Drängt und zieht. — Ich such' ihn nicht:
Nein, es graut mir, ihn zu finden,

Und doch lechzt mein Geist nach Licht,
Wie das Aug' des halb nur Blinden.
Zweifelnd, ob ich vor ihm fliehe,
Oder ihm entgegen ziehe,
Steht sein nie geseh'nes Bild
Wechselnd vor mir, mild und wild
Und — zu Hugo tretend. erklärt mir Derindur,
Diesen Zwiespalt der Natur!
Bald möcht' ich in Blut sein Leben
Schwinden sehn, bald Sanft, fast weich. ihm ver-
geben.

Hugo kaum noch der Sprache mächtig.

Mir wird schlimmer — ich —

Er wankt nach der Thür.

Valeros zu Otto.

Mein Kind,
Nimm ein Licht, ihn zu geleiten.

Es geschieht. Elvire, starr vor sich hin sehend, scheint nichts zu bemerken. Hugo geht bis nah an die Thür, als Otto mit dem Licht neben ihm ist, stürzt er ohnmächtig zu Boden.

Otto schreiend.

Ah!

Valeros.

Mein Gott!

Elvire erwachend aus der Erstarrung.

Was ist? —

Otto.

Der Graf

Elvire zu ihm stürzend.

Jesus!

Otto nach der Thür rufend.

Hülfe! Hülfe! Hülfe!

Ende des zweiten Akts

Dritter Akt.

Glänzender Saal. Auf den Wänden Schildereien spanischer Sitten und Naturscenen, unter welchen sich die in der ersten Scene dieses Akts erwähnten drei Landschaften auszeichnen.

Erste Scene.

Valeros von Otto mitten in den Saal geführt.

Otto.

Sieh dich um! — Gefällt dir's hier?

Valeros.

Sehr.

Otto.

Das ist der span'sche Saal;
Links und rechts die span'schen Zimmer.

Gräfin Jerta nennt sie immer
So, und theuer sind sie ihr.
Ihre Mutter ist einmal
Lang in unserm Land gewesen:
Diese hat mit vieler Müh
Die Tapeten ausgelesen,
Und die Bilder, die du siehst,
Malen lassen. — Zeigend. Das da ist
Talavera.

Valeros, nachdem er es angesehen.

In der That!

Otto vor einem andern Gemählde.

Das hier ist der Mont perdu.
Schau', ein Berg von solcher Höh,
Daß nie oben schmilzt der Schnee,
Niemand ihn erstiegen hat.

Valeros.

Kenn' ihn.

Otto.

Ist dir auch bekannt,

Daß er ist der Diamant
In der Pyrenäenkette,
Die Europa's Halsband ist?

Baleros lächelnd.

Wer hat so ihn dir genannt?

Otto.

Wer? — Ich weiß nicht, wie du bist!
Als ob ich gelernt nicht hätte,
Daß Europa ist ein Weib:
Andre Länder sind der Leib,
Und wir Spanier das Gesicht.
Darum sehn wir stolz hernieder
Auf die andern, schlechtern Glieder.

Baleros.

Sieh, der Kastilianer spricht
Aus dem Knaben schon.

Otto.

Dem Knaben?

Leider gelten hier dafür

Alle, die mein Alter haben,
Und fürwahr, sie sind's auch hier.

Mit Selbstgefühl.

Unter unserm Sonnenlicht
Reifen früher alle Gaben.

Zu einem dritten Gemählde tretend.

Diesen Ort hier kennst du nicht;
Es ist eine kleine Stadt,
Die Gesundheitswasser hat,
Liegt in Frankreich. Dort auch war
Jerta's Mutter.

Valeros.

Sonderbar!
s ist Barège!

Otto.

Kennst du sie?
Sie gefällt mir nicht so, wie
Talavera.

Valeros beklommen.

O, mir auch nicht!

Vor sich.

Muß ich hier mit neuem Schmerz
In die finstre Thalschlucht schauen,
Wo der Aberglaube zum
Unnatürlichsten Beginnen
Eine edle Seele trieb?
Jene Prophezeihung und
Dieser schreckliche Verdacht —!
Eins, Gott sei gelobt! muß lügen.

Otto.

Du verfällst in Traurigkeit
In dem schön verzierten Saale?
Das wird Hugo leid thun, mein' ich.

Valeros aus der Zerstreuung auffahrend.

Wem?

Otto.

Dem Grafen. — Dir zu Ehren
Ließ er diesen Flügel öffnen!
In den Zimmern sollst du wohnen,
Und in diesem Saale will er

Diesen Abend mit dir seyn,
Und mit Jerta und Elviren.

Valeros.

Ist er völlig wieder wohl?

Otto.

Ziemlich — Aber sagt' ich dir's
Nicht: du solltest schweigen — ihm
Nicht von meinem Vater sprechen?
Das verträgt er einmal nicht.

Valeros.

Das ist seltsam.

Otto.

O, ich weiß
Wohl warum?

Valeros angelegentlich.

Du weißt es? Rede!

Otto.

Vater starb zu einer Zeit,

Wo der Graf sein Leben
Hätte d'rum gegeben,
Daß er nicht gestorben wäre.

Valeros.

Woher weißt du das?

Otto.

Sie waren
Gute Freunde, seit fünf Jahren,
Wo der Graf in unsrem Land
Ankam, fremd und unbekannt.

Valeros.

Wirklich?

Otto.

Ja, der Vater hatte
Ihn so lieb beinah, wie mich.

Valeros.

Und der Graf?

Otto.

Der Graf ihn wieder.

Valeros.

Meinst du?

Otto.

Lieber noch als sich;
Denn er wagte ja sein Leben
Offenbar für Karlos d'ran.

Valeros.

That er das?

Otto.

Das will ich meinen!

Valeros.

Wo und wie?

Otto.

Nun hör' nur an:
's war ein Stiergefecht, ein kleines,
Wo das Thier blos wird gehetzt.

Eh' das Spiel noch angegangen,
Stieg der Vater vom Balkon
Mit verschied'nen fremden Damen,
Welche dieß und jenes wollten
In der Nähe sehn, hinab
In den Zwinger. — Plötzlich sprang,
Schlecht verriegelt, auf die Thür
Von dem Stall.
„Der Stier, der Stier!"
Schrie's dort und hier;
Die Damen all
Entflohn geschwind,
Und warfen, furchtsam wie sie sind,
Am Zwinger vorn
Die Thür in's Schloß.
„Die Hunde los!"
Wurd' nun geschrien,
Doch nicht gethan.
Das Unthier schoß,
Gesenkt das Horn,
Auf Karlos an;
Warf nieder ihn,
Und schrecklich dringt:

„Er ist verloren!“
In unsre Ohren.
Auf einmal springt
Schnell wie der Blitz,
Vom hohen Sitz
Hinab der Graf —

Valeros einfallend.

Ah! das war brav!

Otto.

Und zieht den Degen
Und fällt verwegen
Zur Seite den wüthenden Ochsen an.
Der wandte sich,
Und er kam dran;
Allein der Stich,
Den er gleich Anfangs ihm gegeben,
War eingedrungen bis auf's Leben:
Und wie ihn eben
Der Stier durchbohren will,
Da stürzt er mit Gebrüll
Zu seinen Füßen nieder,

Zucket und streckt die gewaltigen Glieder,
Und von „Bravo!“ schallt die Gegend
wieder.

Valeros.

Sahst du selbst —?

Otto.

Ich war dabei.

Valeros vor sich.

Ja, das löscht den Argwohn aus,
Und ich athme wieder frei
In dem ahndungsvollen Haus.

Zu Otto.

Habe Dank für die Beschreibung
Solcher spanisch edlen That.

Otto.

Was der Graf für Karlos wagte,
Hätte dieser auch gethan.
Sieh, und dennoch konnten solche
Freunde sich entzweien —

Valeros.

Was?
Glimmt der böse Funke wieder?
Wie geschah's?

Otto.

Das weiß ich nicht.
Als der Vater stürzte, war es
Drei, vier Tage, daß sie sich
Zürnend nicht gesehen hatten.
Das nun eben quält den Grafen,
Daß sein Freund hat sterben müssen,
Eh sie wieder einig waren.

Valeros halb vor sich.

Das, ja, oder — das Gewissen.

Otto.

Darum stürzt' er, außer sich,
Selber einer Leiche ähnlich,
Auf des Vaters Leiche hin.
„Karlos, bist du unversöhnlich?"
Jammert' er, und küßte ihn,

Und umarmte weinend mich,
Bis erschöpft er niedersank.

Valeros.

Weinend, sagst du? Vor sich. Hm, gewöhnlich
Weinen Meuchelmörder nicht.

Otto.

Darum macht's ihn trüb' und krank,
Wenn man von dem Unfall spricht,
Der, so sehr er's schien zu lieben,
Ihn aus Spanien hat vertrieben.

Valeros vor sich.

Seltsam! Wie mit ungewissem
Kriegsglück theilen Lieb' und Haß
Meines Busens engen Raum
Um den Menschen.

Otto.

Horch! er kommt.
Nun will ich euch Jerta senden,
Die sich sehnet, dich zu sehn.

Ab.

Zweite Scene.

Valeros. Hugo.

Hugo ernst.

Nochmals seid willkommen, Ritter,
In der nordisch finstern Burg.
Ihre freundlichsten Gemächer
Sind euch freundlich aufgethan.

Valeros.

Freundlichkeit, Herr Graf, ist besser
Im Gesicht, als an der Wand.

Hugo.

Wand ist Todtes, und das Todte
Ohne Wandel; das Gesicht
Trägt des Augenblickes Farbe,
Bis es todt ist, wie die Wand.

Valeros.

Möchte eures bald die seine

Aendern! — Ihr empfingt mich nicht
Wie den Vater eures Freundes.

Hugo rasch.

Weil ihr so nicht seid gekommen. —

Ruhiger.

Warum rißt ihr Wunden auf,
Die so tief und schmerzlich sind,

Die Hand auf die Brust.

Hier wie in Elvirens Brust?

Valeros.

In der That, bei beiden war
Ich sie tiefer nicht vermuthend,
Als im Vaterherzen.

Hugo.

Ihr
Habt zum mindesten gesehen,
Daß empfindlicher sie sind;
Denn was ihr erzählen konntet,
Hatten wir nicht Kraft zu hören.

Valeros sieht ihn prüfend an, er fährt fort.

Ihr seid Vater, und ihr weint?
Weil ihr einen Sohn verloren?
Ich verlor mich selbst in ihm!
Zauberisch hat dieser Mensch
Mich verdoppelt und getheilt,
Mich beseeligt und zerrissen,
Wie im Leben, so im Tode!

Valeros zweifelnd mit Befremdung.

Wie?

Hugo.

Ein frommer Rittersmann
Reitet in den Hexenwald,
Und vergißt das Kreuz zu schlagen.
Plötzlich fällt ein Heid' ihn an,
Von der nemlichen Gestalt,
Mit demselben Helm und Kragen.
Und der Christ ficht mit dem Heiden,
Und der Helm entstürzet beiden,
Und mit Grauen
Sieht, bei Zauberblitzes Licht,
Jeder Kämpfer sein Gesicht

Aus der fremden Rüstung schauen.
Dennoch, als der Blitz verschwunden,
Treibt der Nacht
Blinde Macht
Jeden wieder,
In die Glieder
Seines Feindes tiefe Wunden,
Die er selbst fühlt, einzuhauen.
So auch, seit mein irrer Fuß
Ist in Karlos Haus geschritten,
Bin ich mit mir selbst zerfallen
In zwei feindlich fremde Wesen,
Die sich immerdar befehden.

Valeros.

Dunkel sind mir eure Reden;
Doch ihr malt im Räthselspiele
Ziemlich, was ich selber fühle.
Wechselnd bald, und bald zugleich
Eint es und entzieht mich euch.

Hugo.

So mit euch auch geht es mir.

Valeros.

Welchem Triebe darf ich folgen?

Hugo nach einigem Stillschweigen, schwer.

Haßt mich!

Valeros..

Daß ich's nicht vermag,
Deutet, daß ihr's nicht verdienet.

Hugo ohne aufzusehen.

Nun, so liebt mich!

Valeros.

Dann so scheint's,
Muß ich eure Gattin hassen.

Hugo aufgeschreckt.

Wie? — Was meint ihr?

Valeros.

Offen, Graf:
Eins von euch, so muß ich glauben,
Hat an Karlos sich vergangen.

Hugo.

Müßt ihr; nun so glaubt's von mir:
Denn an mir könnt ihr ihn rächen
Mit dem Degen in der Hand.

Valeros.

Euch vertreten alle Stimmen,
Die in Spanien ich vernommen.
Alle nennen euch: die Freunde.

Hugo tief bewegt.

Ja, wir waren's! — Nehmt das Wort
Nicht, wie es die Mode giebt.
Von geheimnißvoller Macht
Zu einander hingezogen,
Einte unser Leben sich,
Wie zwei Ströme sich begegnen.
Einzeln schlängeln sich die Brüder,
Kaum den Kahn zu tragen mächtig,
Schüchtern durch der Berge Lücken;
Doch vereinigt rauschen sie,
Reicher jeder durch den andern,
Hochgeehrt durch's offne Land,

Und mit schwerer Schiffe Last
Spielen leicht die stolzen Wogen.

Er schweigt. Ein Seufzer zeigt das Erwachen schmerzlicher Erinnerungen.

Valeros.

Gleicht das Gleichniß dem Verglichnen;
Wär't ihr zu beneiden. — Wie
Einten sich, und wo, die Ströme?

Hugo.

Ohne Aeltern, ohne Brüder,
Keiner Seele blutsverwandt,
Nahm mich Talavera, wo
So viel edle Spanier leben,
Gastlich auf in seinen Mauern.
Karlos, damals dort noch heimisch,
Bis der König ihm befahl,
In Tortosa zu befehlen,
Lernt mich kennen, seine Wohnung
Wird mein väterliches Haus,
Und mir ist, als hätten diese
Zimmer mich als Kind umgeben.

Diese ernsten Ahnenbilder
Von der Wand mich angesehn,
Und Gesichter, diesen ähnlich,
Und dem euren und dem seinen,
Meine Wiege schon umstanden.
Eine Heimath, die ich suchte,
War gefunden, Karl war mein,
Mein Kind war sein Sohn — Elvire
War mir werth, wie eine Schwester —

Schmerzlich.

Oh mein Karlos! —

Valeros ergriffen.

Edler Mann!
Nein, wer so geliebt, der konnte
So nicht fallen!

Hugo aufgeschreckt.

Wie nicht?

Valeros.

Laßt
Mich nicht sagen, was ich mich

Je gedacht zu haben schäme.
Was ihr meinem Sohn gewesen,
Seid's dem Vater nun: Ein Freund!

Hugo ihn starr ansehend.

Euch? — Doch ja, ihr könnt es wagen,
Denn ihr habt kein schönes Weib.

Valeros entsetzt zurücktretend.

Hugo!

Hugo rasch und gepreßt.

Richtet nicht! Ihr seid
Mensch, besteht aus Geist und Leib,
Und gehört dem Himmel heut,
Und der Hölle morgen an.

Freier und gefaßter.

Rechtet mit der Sonnenbahn,
Die dem Scheitel naht in Süden,
Um der Unschuld goldnen Frieden,
Den der Sinne Wahn zerrissen,
Und zwei unbewachte Blicke.

Nach einer Pause.

Kennt ihr nun den Rittersmann,
Der in Zauberwaldes Nacht
Ewig mit sich selber kämpfet?
Habt ihr Mitleid mit dem Armen,
Der den Freund liebt; und zugleich
Für des Freundes Gattin glühet?
Habt ihr Sinn für meine Qualen,
Wenn ich Karlos Wittwe küsse,
Und mir wilde Phantasien
Seinen unversöhnten Schatten
Auf die leeren Wände malen?

Valeros.

Graf! Bin ich in vollem Lichte?
Weiß ich alles?

Hugo mit Ueberwindung.

Alles, was
Mein zu freier Schaltung ist
Von der traurigen Geschichte.

Valeros nach einer Pause.

Rein sind seel'ge Geister nur.

Ich beklag' euch, Derindur,
Richt' euch Gott, wie ich euch richte.

Hugo halb vor sich.

Amen!

Valeros.

Eure Damen kommen.

Hugo rasch.

Freundlich, Ritter, mit Elviren!
Sie ist schuldlos.

Dritte Scene.

Elvire, Jerta. Die Vorigen.

Valeros, nach stummer Begrüßung mit Jerta, zu Hugo.

Eure Schwester?

Hugo mit einem schwach markirten Seufzer.

Ja und — nein!

Elvire lebhaft.

Ja!

Jerta

Nein, Herr Ritter

Elvire

Doch! euch eint ein heilig Band,
Das mein Wahnsinn nicht soll trennen,
Und du mußt ihn Bruder nennen,
Bist du gleich ihm nicht verwandt.

Jerta.

Eine Schwester, lieb' ich euch,

Seine Gattin, ob ihr gleich
Schwer und kränkend mich verkannt.

Valeros.

Schöne Frauen, weiht mich ein
In den edelmüth'gen Zwist!
Wenn das Gräfin Jerta ist,
Ist der Graf ihr Bruder.

Jerta.

Nein.
Er trägt meines Stammes Namen
Durch des Königs Gnade.

Hugo.

So
Ist es, Ritter, mir zur Pein.
Menschen schenkten, nicht der Himmel,
Jerta's Aeltern mich als Kind.

Valeros gespannt.

Schenkten euch? — ihr kanntet eure
Aeltern?

Hugo.

Nein.

Valeros zu Jerta, rasch und angelegentlich.

War eure Mutter
Eine Deutsche?

Jerta.

Nein.

Elvire.

Ihr nehmt
Großen Antheil an der Sache.

Valeros.

Eine ähnliche Geschichte —
Eine plötzliche Vermuthung,
Unterstützt durch diese Landschaft —
Es ist nichts.

Hugo.

Es könnte doch —
Theilt uns die Geschichte mit.

Valeros.

's ist unmöglich, daß —

Hugo.

Ich bitte!

Diese Landschaft, sagt ihr? Just

Hier, in diesem kleinen Orte,

In Barége's Thale, schwindet

Meines Ursprungs dunkle Spur,

Der ich mühsam nachgegangen.

Wenn ihr's für unmöglich haltet,

Daß mich's aufklärt, was ihr wißt,

Ueberzeugt davon auch mich.

Valeros trübe.

Ungern mag ich einer Mutter

Unnatürliche Verirrung

Offenbaren.

Elvire.

Ihren Namen

Könnt ihr ja verschweigen.

Valeros.

Nun,
Um zufrieden euch zu stellen:
Eines Edelmannes Gattin,
Laura, wunderlich erzogen,
Jedem Aberglauben treu,
Den als Kind sie eingesogen,
Liebte bis zur Schwärmerei
Ihren erstgebornen Sohn.

Hugo.

War sie eine Spanierin?

Valeros.

Von kastilischem Geblüte.

Hugo.

Wirklich? Seht, das träfe schon.

Valeros.

Ihren Sohn am Arm, und eine
Zweite Niederkunft erwartend,

Stößt sie einst, bei Talavera
Sich ergehend, auf ein Weib
Von zigeunerhaftem Wesen,
Wie sie häufig dort vom Stehlen
Oder Betteln, und daneben
Vom Prophetenhandwerk leben.
Laura weigert ihr die Gabe,
Die sie unbescheiden heischt,
Und die hocherzürnte kreischt:
„Tage lang wirst du dich quälen,
„Eh' du quitt wirst deiner Last!
„Ist, was du gebierst, ein Knabe,
„Würgt er den, den du schon hast;
„Ist's ein Weibsbild, stirbt's durch ihn,
„Und du fährst in Sünden hin!“

Elvire.

Eine grauenvolle Warnung!

Valeros.

Dafür, leider, nahm es Laura,
Was alltägliches Beginnen
Ist bei jenen Bettlerinnen.

Eines Knaben ward sie ledig
Unter Tagelanger Pein,
Und der Spruch, zur Hälft' erfüllt,
Ist ihr nun der Zukunft Stimme.
Als der Kleine — (Otto hieß er,
Weil den Namen seine Pathe,
Eine deutsche Gräfin, wählte)
Als er kaum im Stande war,
Auf den Füßen sich zu halten,
Zitterte die Mutter schon,
Ohn' es jemand kund zu geben,
Für des Erstlings theures Leben.

Von nun rascher und wärmer.

Ich war auswärts mit dem Heere.
Laura geht mit jener Gräfin
In die Bäder von Barége,
Und im stark besuchten Orte
Nehmen beide Eine Wohnung.
Dieser Deutschen Kind, ein Knabe
Ungefähr von Otto's Alter,
Stirbt, als eben seine Mutter
Im Begriff ist abzureisen
In ihr fernes Vaterland.

Laura, vorzubeugen dem
Schauderhaften Unglück, das
Die Zigeunerin geweissagt,
Wenigstens es zu entfernen,
Tritt — soweit kann Aberglaube
Schwache Seelen irre führen —
Tritt ihr Kind der Fremden ab,
Die für immer von ihr scheidet,
Und — (im fremden Ort war's leicht,
Die Vertauschung zu verbergen)
Mir — mir lügt sie Otto's Tod
Bis zum Rand des eignen Grabes!

Jerta.

Euch, Herr Ritter?

Valeros sich besinnend.

Ah! — Ihr sehet,
Wie Valeros hat gelernt,
Von der Wahrheit abzubrechen.

Mit einem Seufzer schmerzlicher Erinnerung.

Laura war mein Weib!

Hugo,

der mit höchster Spannung zugehört hat, fährt in sich zusammen.

Ha! Er wendet sich ab.

Elvire.

Wie?
Donna Laura, Karlos Mutter,
Diese engelgleiche Seele,
Konnte das?

Valeros wie vorhin.

Ja!

Elvire.

Darum also
Drang sie drauf, daß unser Knabe
Otto heiße? — Einen Enkel
Dieses Namens wollte sie
Für den Sohn, der so geheißen?

Valeros.

Möglich; schwärmerischen Seelen

Ist ein Nam' oft viel. Wer weiß?
Daß ihr nun ein Otto ward,
Gab vielleicht ihr neue Stärke,
Bis zum Tod mir zu verhehlen,
Daß sie eines andern sich
Unnatürlich einst entäußert,
Und — um nie von ihm zu hören,
Nie die Schenkung zu bereuen —
Seiner neuen Mutter Briefe
Ungelesen stets verbrannt,
Bis sie keinen mehr erhielt.
So kam ich um einen Sohn,
Und mein Karl um einen Bruder!

Hugo sehr unruhig.

Haltet ein! Erzählt nicht weiter!

Jerta.

Graf, was ist euch?

Elvire zu ihm eilend.

Hugo! was —?

Hugo.

Forsche nicht! du stehst am Rand
Einer fürchterlichen Tiefe.

Valeros.

Fürchtet ihr, mein Sohn zu seyn?

Hugo die Unruhe bekämpfend.

Nein, fürwahr! 's ist ja nicht möglich! —
Jene Dame, die den Knaben
Mitgenommen, kanntet ihr?

Valeros.

Allerdings.

Hugo.

Und habt sie nun
Aufgesucht in Deutschland?

Valeros.

Ja. —
Sie war todt, seit Jahren; doch —
Sonderbar genug — man wußte

Nichts im Haus von einem Knaben,
Nichts von ihrem Aufenthalt
In den spanischen Provinzen
Und den Pyrenäenbädern.
Auch ein Bildniß, das man mir
Als das ihr'ge gewiesen,
Hatte wenig Aehnlichkeit —

Hugo vor sich hin starrend.

Wenn es wäre!

Valeros.

Kann es denn?

Jerta lebhaft.

Ja, es kann! in Spanien führte,
Wie Graf Hugo wissen will,
Meine Mutter eines deutschen
Hauses Namen.

Valeros.

Hätte sie
Einer Freundin wohl den wahren
Jahrelang verhehlt?

Jerta.

Sie war
Protestantin, und verwandt
Einem protestant'schen Throne.

Valeros.

Ah, dann freilich war's gefährlich,
Als sie dort war, ihn zu nennen.

Jerta.

Nun? und ihre Briefe las
Laura nicht, wie ihr versichert?

Valeros.

Nein.

Jerta freudig rasch.

'S ist möglich! Zu Hugo. Wißt ihr, Graf,
Wie sich Hanna dort genannt?

Hugo kämpfend.

Nein!

Jerta.

Nichts?

Valeros.

Hanna? Eurer Mutter

Vornam'?

Jerta.

Ja. Ob sie auch diesen

Dort geändert, weiß ich nicht.

Valeros bewegt.

Gott! Wär's möglich? Anna nannte

Meines Weibes Freundin sich!

Anna, Gräfin —

Hugo in höchster Angst einfallend.

Nein, nein, nein!

Nennt den Namen nicht, nur jetzt —

Jetzt nicht! —

Alle sehn ihn erstaunt an.

Oh, es wär' entsetzlich!

Jerta.

Nichts kann hier der Nam' erklären,
Da Graf Hugo den nicht kennt,
Welchen Hanna angenommen. —
Euer Auge, Herr, entscheide!

Sie winkt Valeros vor eine Seitenthür, öffnet sie und deutet hinein.

Schaut in dieses Kabinet:
Das ist meiner Mutter Bild.

Valeros.

Gott im Himmel! Im Hineineilen rufend. Gräfin
Salm!

Jerta folgt ihm.

Hugo.

Oh! so decket mich ihr Hügel!
Berge, stürzet über mich!

Elvire.

Hugo! Was um Gotteswillen —?

Valeros,

mit Jerta schnell wieder heraus, entzückt.

Ja, sie ist es! — Derindur!
Du bist Otto! Bist mein Sohn!

Er will ihn umarmen, Hugo wehrt es mit vorgestrecktem Arm, das Gesicht abgewandt.

Jerta.

Faßt euch, Graf! die Sach' ist klar.

Hugo dumpf.

Klar! o ja! — die Höll' ist offen,
Und ihr falber Wiederschein
Leuchtet in die Nacht hinein,
Daß die Wege sichtbar werden,
Die der Teufel geht auf Erden.

Valeros.

Derindur! Ich steh betroffen
Vor euch!

Elvire.

Mensch! Was weißt du noch?

Hugo.

Oh! es tödtet dich! — Und doch —
Solches Wissen zu bewahren,
Hat die Menschenbrust nicht Raum!

Jerta.

Sprecht! Ihr müßt es offenbaren.

Hugo.

Durch Zigeunermund, und Traum,
Droht die Hölle mit Gefahren,
Wo sie weiß, daß man ihr glaubt;
Und das Licht verlöscht im Haupt,
Eure Sinne sind verwirrt,
Unvernünftiges geschiehet,
Und das Ungeheure wird
Wirklich, eben weil ihr's fliehet. —

Feierlich.

Mutter! Einen Theil der Schuld
Mußt du vor dem Richter tragen!

Elvire ahndend.

Jesus!

Hugo.

Fleh zu seiner Huld!

Valeros ebenfalls mit Ahndung

Otto!

Hugo.

Cain! müßt ihr sagen;
Karlos fiel von meiner Hand!

Valeros wankt und fällt in einen Sessel. Jerta tritt entsetzt zurück.

Elvire

wendet sich ab, die Hände gefaltet und verwendet vor der Stirn, schreit sie, an ihren Traum denkend.

Tiger!

Sie stürzt ohnmächtig nieder.

Jerta eilt zu ihr.

Gott! sie stirbt!

Hugo langsam zu Valeros tretend, mitleidig.

Ihr sucht
Einen Sohn, den ihr verloren,

Eh' er euch noch hat gekannt?
Weh dem Auge, das ihn fand,
Und — nicht weinen kann!

Valeros richtet sich mit Anstrengung auf.

Verflucht
Sei der Tag, der dich geboren,
Und die Kräfte, die dich zeugten,
Und die Brüste, die dich säugten,
Ungeheuer! das der Nord
Auferzogen hat zum Mord,
Und gereift des Südens Gluth —

Er sinkt erschöpft wieder in den Sessel.

Jerta noch mit Elviren beschäftiget.

Oh! daß ich den Gräul enthüllte!

Hugo.

Das, und das allein, ist gut!
Seht, was ich — und ich nur, wußte,
Und mit Angst bewahren mußte,
Daß die traurige Geschichte
Fremdes Glück nicht mit vernichte,

War ein schleichend Feuer, füllte
Meine immer bange Brust,
Wie ein fest verschloßnes Haus,
Mit Gefahr und Unruh aus.
Fluth und Gluth war wechselnd Meister,
Und des Lebens scheue Geister
Rangen zwischen Qual und Lust;
Und die Brust, wo Flammen wühlen,
Will in Lust und Qual sich kühlen,
Und der Herr, gleich seinen Rüden,
Sucht im Schweiß des Wildes Frieden. —

Nach einem freien Athemzuge.

Nun ist's gut! die Flamme brach
Mit dem Worte, das ich sprach,
An das Tageslicht heraus. —
Nun ist's Friede! Ausgebrannt,
Aber ruhig, steht das Haus.

Elvire hat in Jerta's Armen sich aufgerichtet.

Jerta! — Warum laßt ihr mich
Los nicht von des Lebens Band?

Vor sich hin starrend.

Karlos blutbefleckter Schatten

Zeigt die Wunde mit der Hand,
Und die Faust droht meinem Gatten.

An Jerta's Halse sich verbergend.

Oh! —

Valeros.

Klar — alles! fürchterlich!
Dunkler Vorgefühle Drohn
War das Sehnen, und das Grauen,
Den von Angesicht zu schauen,
Der es that — — Er ist mein Sohn!

Hugo.

Meinen Feind wähnt' ich zu tödten,
Mehr hab' ich nicht zu vertreten,
Karlos, glühend, ein Verbrechen,
Das ich nicht beging, zu rächen,
Dachte gegen mich auf Mord.

Auf Elviren deutend.

Diese sandt' ein warnend Wort
Heimlich mir —

Elvire.

O Gott! — Es war
Meine Angst nur vor Gefahr!
Erste Wuth nur —

Hugo.

Nein, fürwahr!
Ihm zu sühnen, zog ich aus —
Spottend lud er mich, mit Schmaus
Seiner Hochzeit Jahresfeier
Nächstens bei ihm zu begehen! —
Kennt ihr Eifersucht? — Ihr Feuer
Trieb mich in den Wald hinaus!
Und am Baum sah ich ihn stehen
Neben dem beschäumten Roß,
Und dem Wild, das er erlegte,
Und das zuckend noch sich regte —
Und das tödtliche Geschoß
War in meiner Hand, sein Leben
In der Kugel Macht gegeben!
Einen Finger durft' ich rühren,
Um — Elviren heimzuführen —

Mit metalloser Stimme.

Seht! — da blitzt' es auf vom Schloß,
Und das Blei flog aus dem Rohr —
Und — ein Schrei schlug an mein Ohr —

Er hält erschöpft inne.

Jerta mit Schauder und Mitleid ringend.

Oh! der Hölle Macht ist groß,
Und an Einer Fiber Bebung
Hangt die Wonne wie der Graus!

Flehend.

Gattin! — Vater! — Sprecht Vergebung
Ueber den Gefallnen aus!

Elvire erweicht, aber ohne Hugo anzusehen.

In der wahren Kirche Schooß
Wird der Sünder sündenlos —
Rein'ge dich an heil'ger Stelle!

Valeros aufgerichtet von diesem Gedanken.

Ja, mein Sohn, zieh hin nach Rom,
Wirf dich auf des Altars Schwelle

Und empfang' in Petri Dom
Ablaß von geweihter Hand.

Jerta ernst warnend, halblaut zu Hugo.

Hugo, du bist Protestant!

Valeros mit Schmerz von ihm weg.

Gott!

Jerta fortfahrend.

Halt fest an deinem Glauben!
Schnöder Abfall könnte dir
Deines Gottes Ablaß rauben.

Hugo.

Ich bin Christ, und Mensch! und hier
Fühl' ich's tief: Es wäscht ein Wort
Mich nicht rein vom Brudermord.

Mit trübem Ernst.

Aber — einen andern Dom
Weiß ich, einen stolzern Bau,
Als Sanct Petri Haus zu Rom.
Der steht allen Sündern offen,

Die auf Gottes Gnade hoffen,
Was auch immer sei ihr Glaube.
Hoch im Bogen, saphirblau,
Wölbt die Kuppel prächtig sich,
Und in ihrer weiten Haube
Seht ihr, wenn ihr kommt im Dunkeln,
Bilder in Brillanten funkeln.
Fünf von ihnen schaun auf mich
Wie mein eignes Leben nieder:
Denn ein Stier ist's und zwei Brüder,
Und ein Weib, der Schönheit Kron'
Und ein Schütz und Scorpion.
In der Frühe Strahl erbleichen
Die bedeutungsvollen Zeichen,
Und ein Opferaltar baut
Auf sich in der weiten Halle,
Und die fromme Menge schaut
Bei der Grabeslieder Schalle
Nach dem Opfer wartend hin
Auf den Altar — —

Er hält einen Augenblick inne.

Kennt ihr ihn?
Thoren nennen ihn — Schaffot.

Alle erschrecken sichtbar, er endet nun rasch und fest.

Dort ist, oder nirgends, Heil, —
Dort versühnt das Henkerbeil
Mich mit mir — vielleicht mit Gott!

Er geht rasch ab.

Elvire eilt ihm nach.

Hugo!

Valeros folgt ihr.

Otto!

Jerta folgt langsamer.

Derindur!

Valeros schon unter der Thür.

Willst du meinen Namen schänden?

Ab.

Jerta

geht von der Thür langsam wieder vorwärts, mit Thränen im Auge.

Unglückseel'ger! — Wunder nur

Können deinen Unstern wenden!

Mit Entschluß.

Aber — so darfst du nicht enden.

Ab, während dem Fallen des Vorhangs.

Ende des dritten Akts.

Vierter Akt.

Der Saal des ersten Akts völlig so, wie er verlassen worden ist, mit der Harfe und der Schlaguhr, welche auf Eilf zeigt.

Erste Scene.

Jerta schreibt. Kolbert steht wartend im Saal. Kerzen brennen. Es herrscht tiefe Stille, und man hört die Wanduhr Eilf schlagen.

Jerta ohne sich zu unterbrechen.

Ist der Graf zur Ruh?

Kolbert.

Noch nicht;

Doch verließ der gnäd'ge Herr
Auch sein Zimmer noch nicht wieder.

Jerta.

Ihr war't bei ihm?

Kolbert.

Ja.

Jerta.

Er hat
Nicht mit euch gesprochen?

Kolbert.

Nein;
Mit sich selbst scheint er zu reden,
Oder — wenn ich's sagen darf —
Mit dem Bild, das vor ihm steht,
Und das ich noch nie gesehen.

Jerta scheinbar gleichgültig.

Kümmert euch nicht um den Inhalt
Seiner Selbstgespräche; er
Ist nicht wohl.

Kolbert.

So muß' ich glauben.

Jerta.

Seine Ohnmacht von vorhin
Hat ihn heftig angegriffen;
Dazu kommt —

Sie sieht Kolbert an.

Ihr waret stets
Unsres Hauses treuer Diener,
Euch mag ich's wohl sagen: Er
Hält sich für die Ursach eines
Unfalls, der den Freund getödtet,
Dessen Bild ihr habt gesehen.

Kolbert lebhafter als vorhin.

So etwas war ich vermuthend,
Denn —

Jerta unterbricht ihn eben so.

So müßt ihr alles deuten,
Was ihr etwa hört und seht. —
Andre Diener, die den Schlüssel
Nicht zu seinem Zustand haben,
Taugen, bis er ruhig ist,
Nicht um ihn. — Versteht ihr mich?

Kolbert.

Niemand naht ihm, außer mir.

Jerta den Brief faltend.

Recht! Und nun besorgt, daß gleich
Angespannt ein Schlitten werde.

Kolbert.

Wohl.

Jerta.

Den Secretär bedeutet,
Daß auf meinem Zimmer er
Seinen Auftrag wird empfangen.
Ich erwart' ihn, ausgerüstet,
Auf der Stelle abzureisen
Nach der Hauptstadt. Sagt ihm das!

Kolbert geht ab.

Zweite Scene.

Jerta allein, sie hat die Adresse geendigt, und betrachtet den Brief.

Ihn den Mächten zu entringen,
Die aus Unheil Unheil schmieden,
Laß der Schwachen es gelingen!
Laß, Allmächtiger, hienieden
Jerta Hugo's Engel seyn!

Dritte Scene.

Jerta. Elvire im Schleier, mit Rosenkranz und Crucifix.

Jerta.

Wie? So spät in dieser Tracht?
War't ihr bei der kalten Nacht
In der fernen Schloßkapelle?

Elvire.

Auf des Kreuzes Fußgestelle

Lag' ich lang' — Umsonst! Hier ist
Nicht mein Glaube, nicht mein Christ,
Kein geweihtes Haupt, der Sünden
Die Gequälte zu entbinden!

Jerta.

Gott ist überall.

Elvire in schwärmerischer Bewegung.

Du bist
Rein vor ihm, wie frischer Schnee;
Deine Heimath ist die Höh',
Und der Strahl von ihrem Lichte
Ruht auf deinem Angesichte!

Sie wirft sich vor ihr mit dem Ausdruck einer Betenden nieder

Jungfrau, laß zu deinen Füßen
Die geheime Schuld mich büßen,
Höre mein Bekenntniß an!

Jerta.

Gräfin! Gott, ihr fallt in Wahn!
Stehet auf! Sie richtet sich auf. Des Gatten That
Ist die eure nicht.

Elvire.

Sie ist's!
Oh, sie ist's, weil ich sie wußte!

Jerta mit Bestürzung.

Wie?

Elvire.

Weil ich sie wissen mußte
Nach der schrecklichen Vollendung.
Sinnenwahn band meinen Sinn;
In freiwilliger Verblendung
Gab ich mich dem Mörder hin,
Und die Ahnung, die nicht Raum
Fand im sündlichen Gemüthe,
Fiel mich an im blut'gen Traum.

Jerta.

Ihr seid sinnreich, euch zu quälen.
So nicht richtet Gottes Huld,
Wie ihr selber euch verdammt.

Elvire.

Ich hab' ihn zum Mord entflammt,

Mein ist mehr, als sein die Schuld.

Mit sich kämpfend.

Karl — war kränklich — Hugo hoffte — —
Ich — — —

Jerta blickt sie mit dem Stolz der Unschuld an, und will sie verlassen.

Du gehst? — O Jerta, bleib!
Laß das unglückseel'ge Weib
Der Verzweiflung nicht zum Raube.

Jerta.

Laßt mich, Gräfin, eh' ich euch
Der Verzweiflung würdig glaube.

Elvire.

Nein! So wahr das Himmelreich
Sich der Reue nicht verschließet,
Mitleid wirst du mir nicht weigern.
Karlos Vater — ich verklage
Ungern ihn — auch er hat Schuld.
Ich bin fürstlichen Geblütes,
Aber früh ward ich verwaist;
Er, hoffärthigen Gemüthes,

Kastilianer, wie du weißt,
Warb für Karl; im Flügelkleide
Ward ich seines Sohnes Braut.
Drei Jahr drauf ward ich getraut.
Kinder waren wir noch beide,
Kinder an Gemüth und Geist.
Ich ward Mutter — ohne Liebe —
Hugo kommt — der Schleier reißt,
Der mir barg, was ich entbehrte.
Das Verbot der Pflicht vermehrte
Die Gewalt der süßen Triebe —
Oh, was hab' ich nicht gerungen,
Und in brünstigem Gebet
Oft der Jungfrau Knie umschlungen!
Sie verwarf mich; denn zu spät
Floh ich zu ihr —

Sie faßt Jerta, die mit wachsender Theilnahme sich ihr genähert, bei der Hand.

Jerta, du
Hast ihn auch geliebt, du weißt,
Daß er mörderisch die Ruh
Aus des Weibes Busen reißt.

Jerta mit Würde, die in Mitleid schmilzt.

Das nicht weiß ich; doch ich fühle,
Unglückseel'ge, deinen Schmerz.
Wirst du's tragen, ihn zu missen?

Elvire erschüttert.

Gott!

Jerta.

Du bist erschreckt?

Elvire mit Selbstbeherrschung.

Das Herz
Weichet blutend dem Gewissen.
Seine That sprengt meine Ketten,
Nie will ich ihn wiedersehn!

Jerta.

Wohl! So, hoff' ich, ihn zu retten.

Elvire ängstlich.

Retten? — Gott, was ist geschehn?
Ist Gefahr?

Jerta

Du fragst? Wie könnt' er
Leben unversöhnt mit sich?

Elvire.

Oh, wie sühnt man solche That?

Jerta.

Thaten heben, wie sie stürzen.
Großes muß er unternehmen,
Sich am eignen, stolzen Werke
Aufzurichten von dem Falle.

Elvire gespannt.

Was?

Jerta

Ein mächt'ger Feind besitzt,
Von der Ostsee Fluth beschützt,
Seines Lehnherrn ferne Staaten;
Eine Flotte liegt im Hafen,
Und der König sucht ein Schwert,
Stark, ein Räubervolk zu strafen,

Das sein Eigenthum verheert.
Dorthin, auf das Feld der Thaten,
Muß Graf Hugo —

Elvire.

Ah! Wie kann —?

Jerta.

Hat er nicht als tapfern Mann
Unter Edwin, meinem Vater,
Sich der Krone schon bewährt?
An den Herzog, meinen Ohm,
Geht dieß Schreiben heut noch ab,
Daß er in des Grafen Namen
Um das Heer den König bitte.

Elvire.

Billigt Hugo denn —?

Jerta.

Er wird.
Ist's der Tod nicht, den er suchet?
Nun, den kann er dort ja finden!

Elvire erschrocken.

Gott im Himmel! — Nein, er darf
Nicht von meiner Seite.

Jerta.

Wie?
Nie wollt ihr ihn wiedersehn,
Sagt ihr, und er soll nicht scheiden?

Elvire.

Will ich? Sagt' ich das? ich war
Sinnlos, wenn ich das gesagt.
Daß ich sollte — sollte, was ich
Nicht vermag zu wollen, das
Ist die Schraube, die mich foltert.
Geh, Entsetzliche! du willst,
Weil er dir nicht kann gehören,
Ihm den Untergang bereiten.

Jerta mit Seelengröße.

Untergang? der Stern am Pol,
Der zur Fahrt dem Schiffer leuchtet,
Geht nur unter mit der Welt:

Nur mit mir stirbt mein Geliebter.
Ewig nah' dem innern Sinne,
Wie das überirdische
Ideal in Künstlers Busen,
Theilt er nicht das Loos des Stoffes,
Der begehret werden kann,
Und besessen, und zerstört.
Nur der Flecken im Gemälde,
Stets sich vor das Auge drängend,
Stört die Lust der Phantasie.
Darum lasset Hugo ziehn,
Daß sein Schwert den Feind verderbe;
Dann, dann lebt er, ob er sterbe!

Elvire mit steigender Heftigkeit.

Magst du, Stolze, schon dem Himmel
Hier auf Erden angehören,
Ewig Wesen sondern können
Von den irdischen Gestalten,
Und das Leben von dem Ruhm;
Ich vermag nicht, so zu trennen,
Was ich liebe, nicht zu spalten.
Ganz, wie meine Arm' ihn halten,

Ist der Graf **mein** Eigenthum;
Jerta wird nicht d'rüber schalten!

Jerta.

Er entscheide! Seine Tritte
Hör' ich in der Gallerie.

Elvire ängstlich.

Ist er's?

Jerta der Thür näher.

Ja.

Elvire.

So muß ich fliehn.

Jerta.

Fliehn? Nicht **lassen** wollt ihr ihn,
Und nicht **sehn**!

Elvire heftig.

Ich will ihn hier,

Auf ihre Kleidung deutend.

Will nicht so ihn wiedersehen,
Nicht vor Zeugen — will vor dir,
Kalte Richterin, nicht stehen!

Sie eilt nach einer Thür im Hintergrunde, Hugo tritt durch eine andere ein, sie erschrickt an seinem Anblick.

Ha!

Sie eilt in ein Seitenzimmer.

Jerta.

Ich laß' allein euch, bleibt!

Elvire.

Nein, ich kann nicht.

Ab.

Vierte Scene.

Jerta. Hugo blaß und entstellt.

Hugo.

Laß sie gehen!
Alles Leben flieht den Mord.

Als Jerta ihr folgen will, herrisch

Laß sie, sag' ich! — Diese ist
Mir gewiß genug — der Hölle
Abgekauft mit Bruderblut —
Solchen Handel hält der Teufel.

Jerta.

Hugo! Gott, wie war't ihr's mächtig,
Solches an euch selbst zu thun?

Hugo.

Thun? Der Mensch thut nichts. Es waltet
Ueber ihm verborgner Rath,
Und er muß, wie dieser schaltet.
Thun? Das nennst du eine That?

Oh, ich bitt' dich, laß das ruhn!
Alles, alles hängt zuletzt
Am Real, den meine Mutter
Einer Bettlerin verweigert!

Jerta.

Gott vergeb' ihr, was an euch
Sie unmütterlich begangen.

Hugo.

Nicht, daß sie's beging, bringt Tod;
Daß die dein' es nicht verschwiegen —
Das hat aus dem stillen Norden
Mich zum Land der Glut getrieben,
Wo sie rasen, wenn sie lieben,
Und im Wahnsinn Brüder morden.

Vor sich hin.

Wenn die That noch ist Gedanke,
Ist sie nicht. Ist sie geschehn,
Tief im Dunkel, unbelauscht;
Ist sie auch nicht, wenn die Brust
Und der Mund sie kann bewahren.

Lebhafter zu Jerta.

Sieh, das ist der Hölle Schlinge!
Weil der Mensch Gedankensünden
Zu verschweigen hat die Macht,
Lockt's ihn, daß er sie vollbringe,
Wähnend, in des Busens Nacht
Könn' er das Gescheh'ne binden,
Wie er band was er gedacht.
Und so trägst du das Verbrechen,
Das du aufgeladen hast —
Aber schwerer jeden Schritt,
Immer schwerer wird die Last,
Bis des Trägers Kniee brechen,
Und er stürzt und reißet mit
In den Abgrund Weib und Vater!

Tief aus dem Schmerz herauf.

Oh!

Jerta *halb vor sich, erschüttert.*

Das lähmt den Muth des Arztes.

Hugo.

Arzt? Die Krankheit weiß von keinem

Arzt! — Auswendig kann der Mensch
Alles lernen, was er will,
Mosis Bücher, die Propheten,
Und die ganze heil'ge Schrift;
Aber was er weiß, vergessen,
Wär' es Eine Sylbe nur,
Das ist nicht in seiner Macht,
Und kein Arzt kann das Gedächtniß
Reinigen von seinem Aussatz.

Jerta.

In der Hand des Kranken liegt,
Wenn er Kraft noch hat, ein Mittel.
Lest!

Hugo nimmt den Brief.

Was ist —?

Er liest, von Jerta beobachtet; seine schmerzerschlafften Züge werden lebendig, die Augen bekommen Feuer, der Arm spannt sich an, endlich steht er auf.

Ha, Taube! Wer
Lehrt dich, was dem Geier frommet?
Ja, das ist's, das macht gesund,
Habe Dank, du milder Arzt,

Der mit Feuer heilt und Schwert!

Mit flammendem Blick.

Blut will Blut!

Jerta erschüttert von ihm weg.

O Gott!

Hugo.

Ein Mensch —
Wär's ein Bruder, feig erschossen
Aus dem fernhin treffenden
Rohre — das ist nichts, zu viel
Für die Ruh; zu wenig für
Das Bedürfniß einer Hölle,
Die davon ist angeglommen.

Mit steigendem Affekt.

Mit der Menschheit will ich rechten,
Blutig, daß ich Mensch geboren,
Und gefallen bin, wie Menschen!
Nicht auf Einzelne, auf Völker
Schleud're mein Geschoß den Tod,
Reiße ihre Massen nieder,
Und auf Felder, blutig roth,

Sä' es die zerstückten Glieder!
Vor den Mauern fester Städte
Pflanze sich das Brandgeräthe!
Werfe, ob der Fromme bete,
Feuer in sein friedlich Haus!
Prasselnd schlägt die Flamme aus,
Straßen stehn in Glut und Graus,
Und die Bomben, im Zerspringen,
Tödten, die da Hülfe bringen.
Ueber Leichen, aufgethürmt,
Wird der letzte Wall erstürmt,
Und die Thore gehn in Trümmer;
Und die losgelaß'ne Schaar,
Aufgereizt zu blinder Wuth
Durch der Kameraden Blut,
Stürzet jubelnd in's Gewimmer;
Läßt am Altar Weiber bluten,
Schleudert bei dem blonden Haar
Zarte Kinder in die Gluten —

Langsamer.

Und am Abend, wenn der Sieger
Hat gebändigt seine Tiger;
Wenn der Tod den Jammer hat

Still gemacht,
Und die Nacht
Einhüllt die verheerte Stadt;
Werden Lampen angezündet,
Und „Herr Gott, dich loben wir!“
Weint aus halb verbranntem Tempel!

Jerta von Schauder durchdrungen.

Oh, entsetzlich! Nein, so hab' ich's
Nicht gemeint. Aus Feindes Ketten
Sollt ihr menschlich Brüder retten,
Ob des Todes Pfeil euch träfe;
Und der Lorbeer um die Schläfe
Soll das Cainszeichen decken,
Das auf eurer Stirne glüht!

Hugo.

Nun — nun ja doch! Mein Gemüth
Ist nicht bös; die Phantasie
Labt nur spielend sich am Schrecken.
Ich begreife, was du meinst:
Sterben soll ich, außerm Lande,
Fern begraben meine Schande —

Jerta weinend an ihm.

Oh! mein Bruder!

Hugo weich.

Sieh, du weinst.
Glaubst du, daß ich sterben scheue?
Tod ist leichter als die Reue!
Seelig sind die Todten!

Jerta.

Bleibe!
Lebe, Hugo, deinem Weibe,
Und dem Knaben ohne Vater,
Und dem Vater ohne Sohn!
Aber, Mann, ersinne nur
Eine Arbeit, ein Bestreben,
Das Elviren Muth kann geben,
Liebend dir im Arm zu liegen,
Und dem Ritter Kraft, zu siegen
Ueber seinen Schmerz, und dich
Stolz einst seinen Sohn zu nennen.

Hugo.

Nun das alles findet sich,
Wenn wir kurze Zeit uns trennen.
Spanier sind sie, stolzen Herzens,
In Elvirens Adern rollt
Fürstenblut, nach Ordenssternen
Steht des Kastilianers Sinn.
Hab' ich jener einen Gatten,
Diesem einen Sohn erschlagen;
Bin ich Mann, Ersatz zu leisten
Beiden, wenn auf meinem Haupt
Eine Fürstenkrone pranget.

Jerta bestürzt.

Derindur!

Hugo entschlossen.

Sie soll! bei Gott!
Schick das ab. — Erobern will ich
Die verlorenen Provinzen;
Doch dem König nicht, dem Sieger:
Will den schnöd verschenkten Sohn
Mächtig auf den Thron

Heben, und Elviren
In das reiche Haar
Diamanten, klar
Wie die Sterne, säen,
Daß das Aug' erblinde,
Das sie angesehen;
Will die Stirn' ihr zieren
Mit der Fürstenbinde,
Ihren schlanken Leib
Mit dem Purpur schmücken —
Dann das schöne Weib
An den Busen drücken,
Und vor Lust vergehen!
Eile! Schnell muß es geschehen.

Jerta.

Ja, fürwahr, die Hölle bindet
Fest, was einmal sie gefaßt.
Wie die Nadel, wenn sie hat
Den Magnet berührt, nach Norden
Ewig ihre Spitze drehet,
Kehrt, wer Einmal bös gethan,
Ewig seinen Sinn zum Bösen.

Hugo.

Nun, was ist denn, was ich meine,
Böses eben?

Jerta stark.

Hochverrath!
Völkermord! Weh über euch!
Euch beherrscht des Vaterfluches
Finstre Macht!

Hugo nach kurzer Stille.

Ja, du hast recht.
Oh, ich bin ein böser Mensch!

Jerta.

Faß' dich, Hugo! die Entdeckung
Hat, ein Blitzstrahl, dich betäubt.
Was du in der Ohnmacht träumtest —
Wachend wirst du's nicht erfüllen.

Hugo.

Meinst du? ja, in deinem Haupt

Ist entsprungen der Gedanke,
Darum muß er gut seyn, denk' ich.

Jerta.

Gut gemeint zum wenigsten
Ist er, ob die Jungfrau irrte,
Spähend in des Mannes Brust.

Hugo.

Nein! du irrest nicht. Hinaus
Muß ich, wo die Würfel fallen,
Daß mein Schicksal freier schalte
Ueber mir und meiner Schuld.
Sende das zum Herzog; doch
Laß zugleich ihn mündlich wissen,
Daß ich selbst dem Boten folge
Auf dem Fuße. — Wer bestellt es?

Jerta.

In mein Zimmer hab' ich den
Secretar beschieden.

Hugo.

Wohl!

Ich will selbst ihn sprechen. — Sei
Gleich der Feldherrnstab vergeben;
Ich will mit in die Gefahren,
Wär' es als gemeiner Reiter!

Er geht mit Jerta nach der Thür; in diesem Augenblicke schlägt die zwischen Eilf und Zwölf zeigende Wanduhr zwei Viertheil, Hugo blickt nach ihr auf, und tritt auf einmal abgespannt zurück.

Ha!

Jerta.

Was ist dir?

Hugo.

Siehst du nicht?
Noch ist es nicht Mitternacht.

Er geht in den Vorgrund.

Eh' nicht der verfluchte Tag
Ist vorüber, will ich nichts —
Gar nichts wollen, und nichts thun.
Heut regiert mein böser Stern!

Jerta.

Wohin irrst du, Mann?

Hugo ängstlich.

Nein, nein!

Hab' ich euch's denn nicht gesagt?
In dem Thierkreis abgebildet
Ist mein Leben: Stier und Brüder,
Weib und Schütz und Scorpion.
Sieh, ich hab' es ausgerechnet,
Ganz für mich, daß niemand wußte,
Wo die Sonn' und mein Planet
Stand, als ich Don Karl erblickte,
Ihn vom andalusischen
Kampfstier rettete — zuerst
Seines Weibes Reiz mich rührte —
Und — — hier ist kein Ungefähr!
Ich bin bös nicht von Natur,
Wahrlich nicht! allein das Schicksal
Führt auf böse Wege mich,
Wo Gefahr ist. — Thoren sind es,
Welche suchen in den Sternen,
Was geschehn wird. Dahin reicht

Menschenwitz nicht. Doch Vergangnes
Mag man d'rinnen wiederfinden,
Und sich wahren, stehn sie wieder,
Wie zur bösen Stund' sie standen.

Jerta vor sich.

Furchtbar mächtiges Gewissen!
Den Verstand auch folterst du?

Hugo.

Wär' es nichts, warum denn just
Wären ihr fünf? die Zahl
Aus Gerad' und Ungerade,
Gut und Böse, die des Menschen
Seele deutet? — heut wie damals
Steht die Sonne gegen sie.
Laß mir das!

Jerta mit trübem, mitleidigem Lächeln.

Es sei: du wirst
Morgen noch, wie heute, fühlen,
Daß du handeln mußt, nicht schwärmen.
Ich bereite deine Reise.

Ab.

Fünfte Scene.

Hugo

allein, nach beträchtlichem Stillschweigen.

Wenn sie recht hat — nichts beschlossen
Ueber'n Sternen wird — der Mensch
Frei hienieden hat zu wählen,
Alles droben zu vertreten —
Das wär' schlimm, sehr schlimm! dann ständ' es
Uebel um ein gutes Ende.
Und dieß Leben ist so kurz,
Und so lang — so lang das andre!
Kennte man's; wer weiß? es wär'
Wohl so gräßlich nicht — vielleicht
Wenig anders, als auf Erden:
Zorn — und Strafe, und — Vergebung — —
Nur die Nacht,
Die es deckt,
Die nur schreckt!
Grausend macht
Sie zur Höll' die Zeit
Mit der Ewigkeit,

Daß man fühlt ein Dringen,
Aus dem Grauen
Vor der Nacht
In die Nacht hineinzuspringen;
Weil's oft nichts ist, anzuschauen,
Was mit Zittern wird gedacht.
Wenn es nichts ist — Oh! das Wort
Graust den Menschen an — und „Ewig"
Sträubt des Sünders Haar empor!
Nichts — und — — wer — wer faßt das?

Die Stimme geht ihm hier gleichsam aus, er bleibt starren Blickes und ohne Bewegung, bis Valeros eintritt.

Sechste Scene.

Hugo. Valeros, den Degen an der Seite, einen zweiten hält er sorgfältig unter dem Mantel verborgen.

Valeros

noch im Hintergrunde, tief und gedehnt.

Otto!

Hugo

fährt gewaltig zusammen und springt auf, seine Kniee zittern, als er sich nach der Thür wendet.

Ihr seid's?

Valeros vorkommend.

Warum zitterst du?

Hugo.

Eure Stimme —! 's war beinah,
Als ob — Karl — den Namen rufte.

Valeros halb vor sich.

Hm! Wer weiß?

Hugo mit Unruhe.

Wollt' ihr denn heut
Nicht zur Ruh? — Bewaffnet seid ihr —
Warum seid ihr denn bewaffnet?

Valeros.

Nach den Waffen greift der Spanier
Ueberall, wo seinem Namen
Schande drohet.

Hugo.

Seid doch ruhig!
Ich hab' alles eingesehn.

Valeros.

Was?

Hugo.

Daß ich um euretwillen,
Und um Jerta und Elviren,
Muß Verzicht thun auf den Trost,
Den gemeine Sünder haben:

Büßend vor dem Volk zu fallen
Unter Priesters Segensspruch.
Nur der Fluch — so eben sprach es
Jerta aus — des Vaterfluches
Finstre Macht beherrschet mich,
Treibt mich rastlos an zum Bösen.
Könntet ihr den Fluch nur lösen!

Valeros ohne Hitze, aber fest.

Rache löst ihn. Dazu such' ich
Ausgerüstet dich im Schlosse.

Hugo etwas zurücktretend.

Wie? ihr wollt mich —

Valeros

wirft aus der Entfernung einiger Schritte den Degen, den er unterm Mantel barg, ohne Heftigkeit zu Hugo's Füßen.

Wie es fällt.
Ficht mit mir!

Hugo.

Daß Gott mich wahre!
Mit dem Vater?

Valeros.

Des Erschlagnen.

Hugo.

Mit dem Greis?

Valeros.

Nicht Ritterspeere
Gilt es ja zu schwingen; diese
Waffen fordern Kunst, nicht Stärke.

Hugo dringend.

Denkt ihr nicht —?

Valeros.

Ich hab's beschlossen.
Weiber wissen das Geheimniß,
Und geheim nicht kann es bleiben,
Und nicht ungerächt Don Karl.
Brudermord in meinem Stamme!
Diese Schmach, beim Himmel, wäscht
Blut nur ab. — Heut ist der Tag,

Wo er fiel und heut noch fällt
Karlos Mörder, oder ich!

Hugo schaudernd.

Oder! — Wißt ihr, was ihr sprecht?
Fühlt ihr es in meine Seele?

Valeros.

Wohl mag vor dem Kampf dir grauen,
Doch ihn schuldig bist du mir.
Lieb' und Haß, Natur und Pflicht
Reißen an dem Vaterherzen;
Nur im Kampfe find' ich Frieden.
Darum nimm, und ficht mit mir!

Hugo.

Nimmermehr! der Augenblick
Ist der Thaten Herr. Es könnte,
Wenn die Spitze naht der Brust,
Mich die Lust zum Leben fassen,
Ich euch tödten —

Valeros.

Desto besser!

Hugo.

Und wenn ihr den Sohn erlegt,
Ist ja euer Hals verfallen
An den Blutbann dieses Landes,
Welcher streng —

Valeros stolz.

Wer sagt dir das?
Einen Herrn nur hat auf Erden
Don Valeros und sein Haus.
Dieser herrscht im Süden zweier
Welten; hier im fremden Nord
Sind wir niemand unterthan.
Fällst du; hat dich Gott gerichtet
Durch das Oberhaupt des Stammes.
Zaudre nicht.

Hugo.

Eh' stoßt mich nieder!

Valeros.

Meuchlings? — Ist mein Handwerk nicht.

Hugo getroffen.

Handwerk? Mit Gemisch von Bitten und Warnen.
Vater!

Valeros.

Mach', man könnt' uns
Stören. — Willst du?

Hugo gepreßt.

Nein!

Valeros warm.

Du trägst
Zweier Heldenstämme Namen,
Und bist feig?

Hugo sich vergessend.

Wer sagt das?

Valeros.

Feig,
Wie Banditen!

Hugo außer sich, hebt den Degen auf.

Tod und Hölle!

Valeros.

stellt sich und reißt seinen Degen aus der Scheide.

Endlich! — Zieh, gereizter Tiger,
Und fall' aus auf meine Brust!

Hugo nach einer kurzen Pause der Erholung.

Nein! — Verflucht sei meine Hand,
Wenn sie diesen Stahl entblößet.

Er bricht dicht über der Scheide das Gefäß ab, und wirft beide Stücke hinter sich in den Saal.

Rost zerfreß' ihn in der Scheide.

Valeros im Kampf mit ausbrechender Wuth.

Ha! — Wohlan denn, willst du nicht
Wagen, Bube; so verliere!

Er faßt rasch den Degen mit verwendeter Hand, wie einen Dolch.

Beide können wir nicht leben!

Er eilt auf Hugo zu, ihn zu durchstoßen. Hugo steht ruhig. Elvire, die schon eingetreten ist, fliegt herbei.

Siebente Scene.

Die Vorigen. Elvire ohne Schleier.

Elvire

unterläuft Valeros, welcher Hugo zur Linken stand, drückt ihn zurück, und zieht, vor Hugo tretend, einen Dolch aus dem Gürtel.

Rasender! — den Waffenlosen
Willst du tödten? — hier komm an!
Meine Hand ist stahlbewehrt;
Seit ich diesen liebe, trag' ich
Diesen da für jeden Feind,
Den's gelüstet uns zu trennen!

Hugo,

welcher während Elvirens Rede den Blick fest auf ihren aufgehobenen Dolch heftete.

O, gebt Frieden! Ihr versteht
Beide nichts von solchen Dingen.
Meint ihr, daß ihr's könnt vollbringen
Mit den spitzgeschliffnen Klingen?
Daß die Hand euch nicht wird beben,
Soll sie in ein fremdes Leben

Diese kurzen Eisen drücken?
Durch den Arm zurück in euch
Dringt der Schmerz, und todtenbleich
Laßt ihr halbgethan das Werk.
Wenn euch solche That soll glücken,
Müßt ihr Schützen seyn — entfernt
In dem Raum von eurem Ziele,
Furchtbar nah' ihm durch die Macht.
Zürnend kommt ihr — unentschlossen
Schlagt ihr an — nun neckt es euch,
Zu vollbringen, was ihr könnt,
Und auch nicht könnt, wie es fällt.
Wär's gewiß, ihr thätet's nicht —
Aber „Ob du triffst?" — zischt eurem
Wankenden Gemüth der Teufel
Zu, und zucket in der Hand —
Und das ferne Opfer liegt.
Oh! sie ist gar schlau, die Hölle!

Elvire

ist von ihm gegangen, und hat den Dolch wieder im Gürtl verwahrt.

Was begann ich?

Valeros hat den Degen eingesteckt, vor sich.

Wohin riß
Mich die Macht des Augenblickes?

Hugo gehoben, aber nicht stolz.

Seht ihr wohl, so ist der Mensch!
D'rum, wenn einer ist gefallen,
Mag der andre weinen; aber
Nicht zu richten sich erkühnen.

Valeros.

Beim allmächt'gen Gott, die Lehre
Trifft ein tief erschüttert Herz!
Ihm näher tretend, feierlich.
Sohn! vernichtet sei der Fluch,
Den ich über dich gesprochen!
Und ist's wahr, daß, wie der Eid,
Vaterfluch unwiderruflich
Vor den dunklen Mächten ist;
Fall' er auf mein eigen Haupt,
Daß die Rach' ihr Opfer habe.

Elvire in großer Bewegung.

Nein, auf mich — auf mich den Streich!

Knieend.

Diese sterbliche Gestalt
Mit dem unglückseel'gen Reiz,
Der den Frevel hat gewecket,
Werf' ich zu des Rächers Füßen.
Send', o Gott! des Himmels Flamme,
Um das Opfer zu verzehren,
Mein Unsterbliches nur berge!

Sie bleibt noch einige Augenblicke in dieser Stellung.

Hugo

ernst und ruhig, mehr noch gehoben, als vorhin.

Laßt nur gut seyn das. — Mich dünket,
Daß gelöst schon ist der Fluch:
Denn ich schöpfe freier Odem,
Und mein inn'res Auge schaut
Klar — den rechten Weg zum Frieden.

Elvire vom Sinn seiner Rede getroffen.

Ah!

Indem sie sich abwendet, fällt ihr die Harfe in die Augen. Sie stützt sich darauf mit gesenktem Haupt und scheint an dem Folgenden weiter keinen Antheil zu nehmen.

Valeros.

Der rechte Weg zum Heil
Führet durch den Schooß der Kirche.
Sohn, aus ihrer Hand empfängt
Auch das Vaterherz dich wieder!
Willst du mir nach Spanien folgen?

Hugo in wachem Traum.

Ja!

Valeros froh.

Du willst?

Hugo.

Mein Geist ist dort;
Hin mögt ihr den Leib geleiten.

Valeros.

Ha! der Entschluß kam von oben,
Zögre nicht, ihn zu vollziehn!

Hugo.

O, gewiß nicht.

Valeros.

Auch Elviren
Giebst du so den Frieden.

Hugo

mit unruhigem Bestreben Valeros zu entfernen.

Das
Mein' ich — aber — Jerta wird
Schmerzlich diese Trennung fühlen.
Wollt ihr wohl sie vorbereiten?

Valeros.

Jetzt?

Hugo.

Sie ist noch wach — für mich.
Ueberein sind wir gekommen,
Daß sie einen Boten sende
An den Herzog, ihren Ohm,
Der bei'm König gilt. Sie will,
Daß man mir das Heer vertraue
Wider den verwegnen Feind,

Der die Länder jenseits plündert.
Das ist nun nicht nöthig mehr.

Valeros.

Nein, bei Gott nicht! Fremdem Herrn
Soll Valeros Sohn nicht dienen.
Dennoch, daß du dich erhoben
Zu dem Heldenunternehmen,
Löscht des Hasses letzten Funken.
Komm an meine Brust!

Hugo sinkt tief gerührt in seine Arme.

Mein Vater! —
Oh, mein Gott! In euren Armen?

Valeros.

Otto! Theurer — einziger!
Alles — alles sei vergeben!

Hugo,

nachdem er langsam, das Auge liebevoll noch auf ihn gehef=tet, von seiner Brust sich erhoben.

Geht zu Jerta! — sagt ihr das!

Geht, und dann legt euch zur Ruh,
Und — erwacht gefaßten Muthes.

Valeros.

Oh, die Freude, denk' ich, wird
Reichlich mir den Schlaf ersetzen.

Ab.

Achte Scene.

Elvire. Hugo.

Elvire

legt nach geraumer Stille die Harfe weg, tritt vor Hugo und sucht seinen Blick.

Hugo!

Hugo weich.

Folg' des Vaters Beyspiel,
Hingeopferte! — Vergieb!

Elvire an seinem Halse.

Oh, mein Hugo!

Hugo in vollem Ausdruck der Liebe.

Theures Weib!

Elvire nach einer Pause, mit tiefem Leiden.

Muß es seyn, Geliebter?

Hugo betroffen, sich verrathen zu haben.

Was?

Elvire.

Was prophetisch mir die Harfe
Mit der Saite, die gesprungen,
In der Dämm'rung zugeklungen —
Was du jetzt beschlossen hast.

Hugo

in Erinnerungen verloren, den Blick auf dem Instrument.

Heilig ist die Harfe mir,
Weiß ich gleich nicht sie zu spielen.
Wenn sie Abends dir, im Kühlen,
In dem schönen Arme ruhte,
Und mein Haupt in deinem Schooße
Glühte, wie der Kelch der Rose,

Von dem wildbewegten Blute —
Und nun Himmelstöne klangen
Aus den Saiten und der Brust:
Da verschwand das Glutverlangen,
Und zur Thräne ward die Lust.
In mir herrschte Fried' und Ruh
Unter'm Schalle deiner Lieder;
Karlos war mein Bruder wieder,
Die geliebte Schwester du!

Auf die Harfe deutend.

Hugo's Engel wohnte d'rinn,
Eh' sich Hugo schwer versündigt;
Der auch hat es angekündigt
Deinem aufgeschloßnen Sinn,
Daß die Qual nun ist am Ende.

Elvire.

Hugo! Kannst du es, so wende
Von der Gattin diesen Schlag!

Hugo.

Fühle, daß ich's nicht vermag.
Leben gleicht der Töne Beben

Und der Mensch dem Saitenspiel:
Wenn es hart zu Boden fiel,
Kehrt der rechte Klang nicht wieder,
Und sein Mißlaut stört die Lieder,
Die aus reinen Saiten schweben.
Solche That, wie ich gethan,
Stecket mit dem Wahnsinn an,
Der sie zeugte. — Um ein Haar,
Und mein blut'ger Frevel war
Zweimal wiederholt zur Stelle.
Wo ein Mörder weilet, mag
Keiner widerstehn der Hölle.

Elvire sich abwendend.

Wehe! Furchtbar sprichst du aus,
Was wie Nebel um mich lag.

Hugo.

Karlos Zorn erfüllt mein Haus,
Darum auch mit diesem Tag
Muß ich scheiden, ihn zu sühnen.

Elvire.

Gott! so bald?

Hugo mit Begeistrung.

Es regt die kühnen
Fittiche der Geist in mir,
Seinen Banden zu entschweben.
Aus dem unheilschwangern Hier,
Wo ihm Leben ward zum Beben,
Will er dort hinauf zum Licht,
Wo die Macht der Furie bricht,
Und der Reue wird vergeben!

Elvire wendet sich mit einem Blick auf die Uhr entschlossen und rasch zum Abgehn.

Warum willst du von mir gehen?

Elvire innerlich bewegt.

Sehen — küssen meinen Knaben.

Hugo.

Thue das, und — — lebe wohl!

Elvire.

Nein, noch nicht. Bleib hier! Ich komme
Wieder, eh die Glocke schlägt.

Hugo.

Was beginnst du?

Elvire.

Nichts.

Sie geht bis zur Thür, wo sie dem Knaben begegnet.

Neunte Scene.

Hugo. Elvire. Otto.

Elvire.

Da ist er!

Schlafend meint' ich dich.

Otto.

Ich war's.

Böse Träume weckten mich,
Aber Anfangs böse nur;
Herrlich waren sie zuletzt.

Dich, Herr Hugo, sah ich, wie
Ich dich nimmer hab' gesehen,
Seit mein Vater ist gestorben;
Heiter, wie in meinem Land
Man den Morgen sieht erwachen.
Und der Traum scheint wahr zu werden;
Denn viel anders siehst du aus,
Als ich dich verlassen habe.

Hugo.

Findest du das, lieber Knabe?

Otto.

Ja. Doch an der Mutter ist
Noch der Traum nicht ausgegangen.

Mit Darstellung des im Traum genossenen Entzückens.

Herrlich, wie in der Verklärung
Ueber unserm Hochaltar
Heilands Mutter aufwärts schwebt,
Hab' ich dich im Traum gesehn.
Nun, du bist nicht minder schön;
Doch so leuchtend bist du nicht,
Nicht so seelig dein Gesicht.

Hugo.

Was bewog dich aufzustehen,
Und dich wieder anzukleiden?

Otto.

Was? Nun, daß ich munter war.
Und ich habe wohl gethan;
Später hätt' ich sonst erfahren,
Was mir so viel Freude macht.

Hugo.

Was?

Otto.

Der Ritter ging vorbei,
Und ich rief ihm, und er kam,
Und erzählte mir: du seist
Nicht Graf Derindur; mein Ohm,
Meines lieben Vaters Bruder!
Und du habest es versprochen,
Mit der Mutter, ihm und mir
In mein Vaterland zu ziehen,
Und das bald — bald! — Ist das wahr?

Hugo.

Ja! — Dein Vaterland ist da,
Wo ich hin will. Alle, denk' ich,
Nimmt's uns auf einst.

Otto innig vergnügt.

O, wie herrlich!
Liebe Mutter, eile ja,
Alles eilig zu besorgen,
Was ihm nöthig ist zur Reise!

Hugo.

Das ist wenig. — Sie hat's nah',
Und die milde wird mir's geben.

Elvire wendet sich schmerzlich ab.

Otto.

Deinen Kammerdiener, Kolbert,
Sprech' ich, ist er wach, noch heut.
Leicht're Kleidung muß ich haben,
Eilig diese von mir thun,
Die so schwer und lästig ist.

Hugo.

Ganz, wie du, denk' ich's zu halten.

Otto.

Mach' es auch so, liebe Mutter,
Ob du schon dich hier so schwer,
Wie Herr Hugo, nicht beladen.

Elvire.

Meinst du?

Otto.

Ja.

Hugo.

Mein Kind, du kannst,
Da du einmal auf bist, noch
Etwas hin zu Jerta tragen.
Geh' mit Kolbert in mein Zimmer.
Nimm! Das Pult im Schlafgemach
Oeffnet dieser Schlüssel. Links
Findest du ein Pergament,
Daran hängt in silberner

Kapsel ein gewaltig Siegel.
Nicht zu irren, schlag' es auf,
Und sieh nach dem Anfang. Wenn
Es das recht' ist, muß er heißen:
„Das Geschlecht der Derindur,
„Unsres Thrones feste Säule,
„Soll bestehn, ob die Natur
„Auch damit zu Ende eile."

Weich mit Steigerung.

Das gieb Jerta, nebst dem Schlüssel!

Er küßt ihn.

Küsse sie — für mich — und sag' ihr,
Sie soll nicht vergessen, daß ich
Kolbert herzlich lieb gehabt —
Und auch Holm — und — alle andre —

Er kämpft mit den Thränen.

Dann leg dich zur Ruhe wieder.

Otto.

Das soll bald geschehen seyn.

Geht nach der Thür.

Elvire.

Otto!

Sie eilt zu ihm, und küßt ihn inbrünstig und mit Thränen.

O, mein Kind!

Otto.

Du weinst?

Elvire.

Küsse Jerta auch von mir,
Und — den Ritter — ehr' als Vater!

Otto.

Ist er mein Großvater doch,
Den ich wahrlich herzlich liebe. —
Gute Nacht!

Elvire.

Gut' Nacht!

Otto ab.

Zehnte Scene.

Hugo. Elvire.

Tiefe Stille von 20 bis 25 Secunden. Während derselben sitzt Hugo rechts vom Schauspieler in einem Sessel, und scheint mit Seelenruhe zu beten. Elvire geht, nach dem Abschiede von Otto, auf die andere Seite, wo ihre Harfe lehnt, fällt auf die Kniee, und betet, ohne Lippenbewegung, mit heißer Andacht. Die Wanduhr schlägt zwölf. Ein leichter Schauder erschüttert Elviren. Sie steht langsam vom Gebet auf, und Ruhe herrscht auf ihrem Gesicht. Hugo verläßt, wenn die Uhr ganz ausgeschlagen hat, ebenfalls langsam den Sessel, und nähert sich Elviren.

Hugo.

Die Stunde
Hat gerufen. —— Milde! gieb,
Was du hast, und was ich brauche!

Elvire.

Oh, ich habe dich verstanden!

Sie zieht den Dolch.

Du willst den!

Hugo.

An deinem Herzen
War sein Platz.

Elvire.

Du sollst ihn haben.

Ihn feurig umarmend.

Hugo! — Bis auf Wiedersehn!

Hugo.

Dort, wo Schwester, Freund und Gattin
Man mit Einer Liebe liebt.
Gieb den Stahl, und — flieh!

Elvire.

Gemach!

Indem sie von ihm geht, und mit der Linken die am Stuhl lehnende Harfe anfaßt, entschlossen und mit Erhebung.

Mir, wie dir, fehlt ja der Frieden,
Und mich drückt, wie dich, die Schuld;
Darum, muß es seyn geschieden,
Geh' ich dir zu Gottes Huld
Kühn voran die dunkle Straße!

Sie stößt sich den Dolch in die Brust, die Kniee wanken, die Harfe fällt am Stuhle hingleitend zu Boden, und sie sinkt, den Dolch in der rechten Hand behaltend, darauf nieder.

Hugo heftig erschüttert.

Gott! Elvire! — — Ha, nun fasse
Ganz ich selbst erst, was ich sprach!
Mord zeugt Mord, und ich verderbe
Durch die unglückseel'ge That
Alles, was mir liebend naht.
Es hat Eile, daß ich sterbe —
Gieb! geschwind!

Er nimmt ihr den Dolch, den sie krampfhaft zu halten scheint, mit einiger Mühe, küßt ihre Hand, und sagt, indem er rasch nach seinem Sessel zu geht.

Ich flieh dir nach
Aus des Lebens finstrer Höhle!

Elvire mit Anstrengung.

Gott sei gnädig — deiner Seele!

Hugo faltet während dieser Worte die Hände gen Himmel, dann stößt er, beide Hände am Griff, den Dolch sich in die Brust; die Kniee knicken halb ein, die rechte Hand faßt den Stuhl, der Dolch bleibt in der linken; in dieser Stellung hält er sich einige Secunden.

Eilfte Scene.

Die Vorigen. Jerta, Valeros und Otto treten rasch ein.

Jerta

fliegt herbei, und fällt ihm in den linken Arm.

Graf! was wollt ihr thun?

Hugo,

indem er den blutigen Dolch zu ihren Füßen fallen läßt.

Gethan

Ist's; doch schlecht — ihn traf ich besser.

Er sinkt am Sessel nieder, so daß der Oberleib halb aufgerichtet bleibt.

Jerta

ist beim Fallen des Dolchs zurückgetreten, mit tiefem Schmerz.

Oh!

Valeros.

Mein Sohn! — du trafst mein Leben!

Jerta

schnell gefaßt, dringend zu dem Verwundeten.

Ist noch Rettung?

Hugo.

Nein! — Erlösung
Nur durch Schmerzen — von dem Leiden.

Otto einige Schritte entfernt.

Armer Herr!

Jerta
mit erschütternder Klage, die Stirn an Hugo's Haupte.

Mein Freund! — mein Bruder! —

Otto erblickt Elviren.

Jesus Maria! — die Mutter! — O seht —
Seht doch! die Mutter liegt blutend darnieder!
Er kniet neben ihr.

Jerta.

Gott!

Valeros heftig.

Wer begann das? — Ein blutiger Stahl
Liegt nur am Boden.

Jerta.

Der Dolch ist Elviren.

Valeros zu Hugo.

Mensch! Wenn du das auch gethan —!

Elvire mit Anstrengung.

Ich — ich selbst!

Valeros beschwörend.

Ist's so?

Elvire

halb aufgerichtet, mit sich verklärendem Blicke.

So wahr ich — wie Töne der Harfe —
Die mir zum Lager dient — himmelwärts schwebe!

Sie sinkt sterbend auf die Harfe zurück, die Hand gleitet dabei matt über die Saiten, und man hört einen leisen, verhallenden Ton.

Otto.

Mutter! — So sah' ich im Traum dein Gesicht!

Er beugt sich uber sie.

Valeros zu seinem Sohn.

Otto! Vergieb den Gedanken! —

Hugo.

Auf Erden
Wohnt der Verdacht — und die Nacht.
Dort — ist Licht.

Valeros.

Oh! daß ich kam um dir tödtlich zu werden!

Hugo schwächer.

Schaffet — nach Spanien — die Leichen —
zu ihm —
Denn — er vergab uns! —

Mit Vision.

Dem Cherubim
Nimmt er — das rächende Schwert — er
winket —

Mit erhobener Stimme.

Frei — ist der Geist! — — die Hülle —
sinket —

Er fällt sterbend zusammen.

Jerta,

mitten auf der Bühne nach kurzer Stille mit Begeisterung.

Sinke der Leib! ich liebte den Geist,
Den kein Tod dem Herzen entreißt,
Der mir von nun an im Abendstern blinket!

Valeros.

Ist der Geist nur frei von Qual,
Wenn der Leib fällt; dann, o Stahl,
Komm, und gieb die Freiheit mir!

Er hebt rasch den Dolch auf, Jerta entreißt ihm denselben.

Jerta mit tiefem Ernst.

Ritter! — Seid ein Mann! — Kniet hier
Euer Enkel nicht?

Valeros.

Könnt ihr
Leben, wenn ihr ihn geliebt?

Jerta.

Ich bin Christin. — Schuld nur giebt,

Oder Schwäche, sich den Tod.
Lebt für diesen, ihm ist's noth.

Waleros beugt sich über Hugo's Leiche.

Otto sich von der Mutter aufrichtend.

Gott! Warum — warum ist denn
So Entsetzliches geschehen?

Jerta groß und ruhig.

Fragst du nach der Ursach, wenn
Sterne auf und untergehen?
Was geschieht, ist hier nur klar;
Das Warum wird offenbar,
Wenn die Todten auferstehen!

Der Vorhang fällt.

Ende des Stücks.

Beilage.

Beurtheilung des Stückes und seiner Aufführungen in Wien

aus der

Zeitschrift Thalia,

mit Anmerkungen des Verfassers.

Nachdem die Schuld in Wien sieben Mal über die Bühne gegangen war, widerfuhr ihr in der Zeitschrift Thalia, Nr. 68. 69. und 71. vom Jahr 1813. die Ehre einer sehr ausführlichen Beurtheilung, deren Verfasser (man hat mir den Namen Bernard genannt) offenbar das Manuscript vor sich hatte. Mein erster Versuch im Felde der tragischen Dichtkunst war die kleine Tragödie: Der 29. Februar, in meinen Spielen für die Bühne, erste Lieferung, Leipzig bei Breitkopf und Härtel 1815. Er wurde unternommen im Mai 1812. Ich war damals 38 Jahr alt. Im October des nämlichen Jahres entstand die Schuld. Ich kann mich nicht wohl überreden, daß ein Talent, wie es der erwähnte Kunstrichter mir zutraut, so lange in mir geruht und gleichsam Quarantaine gehalten haben sollte. Das unmäßige Lob, womit derselbe mich und dieses Erzeugniß eines trüben Herbstmonats überhäuft, konnte mich daher nur überraschen und beschämen, zumal da es Nachlobredner fand, und auf diese Weise mir einen Rang anwies, den ich nicht hoffen darf, behaupten zu können. Dessen ungeachtet widerstehe ich der Versuchung nicht, jene Kritik, mit meinen Anmerkungen begleitet, hier abdrucken zu lassen: einmal, weil das darin enthaltene Lob zum Theil auf Ansichten gegründet ist, die mir fremd sind: sodann, weil die Abhandlung des Kunstrichters eine Analyse der Charaktere und der Elemente des Stückes liefert, welche den Schauspielern (die schon fast auf allen bedeutenden Bühnen Deutschlands an meinem Producte ihre Kräfte versucht haben) großen Nutzen gewähren kann. Die zahlreichen Anführungen aus dem Stück selbst habe ich, so weit es der Zusammenhang gestattete, hier gestrichen.

Theater nächst der Burg.

Den 4. Juni. Die Schuld. Trauerspiel in vier Aufzügen, in freien Versen von Doct. Müllner.

Die Tragödie schließt das Innerste des Menschen auf, und die Geheimnisse seines Busens bringt sie an den Tag; sie zeigt den ganzen Adel seines Wesens, wenn er als freies Opfer der Tugend fällt, und hält gerechtes Gericht über ihn, wenn er gegen die ewigen Gesetze derselben ankämpft, indem sie ihn als ein abgerissenes Glied der sittlichen Weltordnung den Untergang finden läßt. Reuig erkennt er seinen verderblichen Wahn und seine sträfliche Verirrung, und versöhnt sich mit dem Ganzen durch den Tod, ein allgemeines, furchtbar warnendes Beispiel der Menschheit. Daher ihre tiefe, erschütternde Wirkung auf die

Gemüther, daher die lebendige, ernste Theilnahme dieser; jeder fühlt, daß in den wichtigsten, höchsten Angelegenheiten der Menschheit seine eigene Sache verhandelt wird; daher die Furcht und das Mitleid für den Einzelnen, in welchem jeder sich selbst erkennt, den Menschen; und daher die hohe Stärkung und sittliche Erhebung, welche sie ertheilt, die eigentliche Moral, die aber nicht in Sprüchen und Sentenzen, sondern in dem Ganzen enthalten ist. Klarer und mächtiger als in den meisten neueren Trauerspielen spricht sich dieser letztere Sinn in der Schuld aus. Schiller hat in der Braut von Messina gleichsam nur die Ueberschrift dazu geliefert, bisher das einzige neuere Werk, das zum Theil am meisten in dieser Ansicht geschrieben ist; aber auch da mußte sie noch erklärt werden, und der Chor thut dieses am Schlusse:

Das Leben ist der Güter höchstes nicht,
Der Uebel größtes aber ist die Schuld.

In andern wird gewöhnlich eine tragische Begebenheit, ein unglückliches Schicksal einer Person aus einander gesetzt, und fast nie und nirgend das ganze eigenste Leben eines Menschen tragisch verkettet und gestaltet; in der Schuld waltet das feindliche Geschick Hugo's schon vor der Geburt des Knaben. Don Valeros, 3. Akt, 2. Scene:

Ihren Sohn (es ist von Hugo's Mutter die
Rede) am Arm und eine
Zweite Niederkunft erwartend,
Stößt sie einst, bei Talavera
Sich ergehend, auf ein Weib
Von zigeunerhaftem Wesen,
Wie sie häufig dort vom Stehlen
Oder Betteln, und darneben
Vom Wahrsager-Handwerk leben.
Laura weigert ihr die Gabe,
Die sie unbescheiden heischt,
Und die Hocherzürnte kreischt:
„Tagelang wirst du dich quälen,
„Eh du quitt wirst deiner Last!
„Ist, was du gebierst, ein Knabe,
„Würgt er den, den du schon hast,
„Ist's ein Mädchen, stirbt's durch ihn,
„Und du fährst in Sünden hin!“ —

Sein Loos ist nun geworfen;[1]) der Aberglaube der Mutter läßt sie das Schrecklichste fürchten. Sie verschenkt deshalb Hugo an eine ausländische Edelfrau, ihre Freundin, und will

1) Das war meine Meinung nicht. Ich wollte weder einem unchristlichen, groben Fatalismus das Wort reden, noch ein ekelhaftes Zigeunerweib auf den delphischen Dreifuß erheben: sondern bloß das aus blindem Zufall, menschlichen Fehltritten und menschlicher Bazartigkeit gewebte Causalitätsband sichtbar machen, wodurch das Verbrechen eines Menschen mit den gleichgültigsten Begebenheiten vor seiner Geburt usammenhängen kann. Jene Weiber, welche unter dem gemeinen Volke mit Weissagungen Handel treiben, haben es an der Art, von den Personen höherer Stände, bei denen sie das Betteln für gerathener halten, immer mit einer Art von prophetischem Wunsche zu scheiden, den sie nach der Art einrichten, wie sie behandelt werden, und den sie meist sehr geschickt den Umständen dergestalt anzupassen wissen, daß er nicht leicht ganz unerfüllt bleiben, sehr leicht aber den Aberglauben befestigen und ängstigen mag. So legte eine alltägliche Bettlerbosheit den ersten, zufälligen Grund wie zu Laura's Vergehn, so zu

nach ihrer Entfernung nie wieder von ihm hören. Dieser wird im fernen Norden erzogen. Die Bilder der Kindheit erwecken seine Sehnsucht nach dem Süden, er kommt nach Spanien,

Hugo's Verbrechen; aber Hugo's Loos war darum nicht vor der Geburt geworfen, es galt vielmehr vollkommen von ihm, was bei Schiller die Hexen von Macbeth sagen:

Er kann es vollbringen, er kann es lassen —
Wenn er sein Herz nicht kann bewahren,
Mag er des Teufels Macht erfahren.

Daß es mit der scheinbaren Weissagung so gemeint sei, glaubte ich durch zwei Umstände hinlänglich angedeutet zu haben. Einmal dadurch, daß die Zigeunerin für zwei entgegengesetzte Fälle prophezeiht: eine wahre Prophetin hätte ja wohl auch das wissen können, ob Laura einen Knaben oder ein Mädchen gebären würde. Sodann dadurch, daß der letzte Theil ihres Ausspruchs gar nicht in Erfüllung ging: denn Laura fährt nicht in Sünden hin, sondern stirbt in Valero's Armen, nachdem sie ihm ihre unmütterliche That bekannt hat. Konnte dennoch ein so hellsehender Kunstrichter, wie der gegenwärtige, und wie der Stuttgardter in

findet seinen Bruder Karlos, ohne ihn zu kennen, wird sein Freund, liebt dessen schöne Gattin. Diesen ergreift Argwohn, Hugo glaubt ihn fürchten zu müssen, Eifersucht und Rache treiben ihn hinaus in den Wald, er erblickt Karlos, drückt seine Flinte ab, und jener stürzt todt zu Boden. Hugo vermählt sich nun mit seines Bruders Wittwe, zieht nach Norwegen mit ihr auf seine Güter, allein er entrinnt seinem Verhängnisse nicht; Don Valeros, sein und Karlos Vater, von Ahndung ergriffen, die

No. 23. des Morgenblatts von 1814, mich mißverstehen; so muß ich dabei irgend einen Fehlgriff begangen haben, den ich noch nicht einsehe, und den ich mithin nicht anders zu verbessern im Stande war, als durch eine Abänderung der Antwort, welche auf Elvirens Aeußerung: „Eine grauenvolle Warnung!" Don Valeros giebt. Sie lautete in dem Wiener und Stuttgardter Theatermanuscripte blos so: „Laura nahm sie tief zu Herzen." Ich ersuche alle Directionen, die das Stück nach der Handschrift aufführen, diese Stelle nach dem gedruckten Exemplar zu verbessern.

der Fluch des Zigeuner-Weibes erweckt, [2]) kommt dahin sich Licht zu verschaffen.

Rachsucht nicht — nicht die Begier,
Seinen Mörder zu erwürgen, u. s. f.

Die grause That wird jetzt offenbar; Hugo erfährt, daß er seinen Bruder erschlagen; er will sich dem Gerichte überliefern. Don Valeros Rücksicht:

Willst du meinen Namen schänden?

und Jerta's zartes, schwesterliches Gefühl:

Gott! Nein! So darf er nicht enden!

bewegen ihn, seinen Entschluß zu ändern. Er

2) Davon steht nichts im Stücke. Es war der Zustand von Karlos Leiche, der Valeros die Ahndung eines Mordes gab. An die Zigeunerin denkt er erst in der 1. Scene des 3. Akts, nachdem Hugo bereits gegen sich Verdacht erregt hatte. Nach der Entdeckung des Brudermords erwähnt er jenes Vorfalls nicht mehr; es ist bloß Hugo, der sich noch zweimal darauf beruft, nach Art der Verbrecher, welche ihre Schuld gern auf den Teufel oder auf den Zwang des Verhängnisses wälzen.

erkennt, daß er mit dem Bewußtseyn dieser Schuld nicht leben kann, so wie Elvire:

Mir wie dir fehlt ja der Frieden,
Und mich drückt wie dich die Schuld —

und beide geben sich selbst den Tod.

Die Katastrophe in Hugo's Leben ist auch die Katastrophe des Stücks. Er begeht keinen Frevel vor unsern Augen, aber wir sehen im Geiste sein ganzes früheres Leben, jedes Ringen der Leidenschaften, und selbst den grauenvollen Brudermord; wie es ihn hinweg trieb aus dem kalten Norden nach dem Süden seinem Verhängnisse entgegen:

Weg von hier, wo niemand mir verwandt u. s. f.

wie ihn die Eifersucht ergriff, und er die frevle That vollführte:

Kennt ihr Eifersucht? Ihr Feuer
Trieb mich in den Wald hinaus, u. s. w.

wie er mit sich rang, die That zu verheimlichen, und ihn der Scorpion des Gewissens anfiel und peinigte:

Seht, was ich — und **ich** nur wußte,
Und mit Angst bewahren mußte,
Daß die traurige Geschichte
Fremdes Glück nicht mit vernichte,
War ein **schleichend Feuer**, füllte
Meine immer bange Brust,
Wie ein fest verschloßnes Haus
Mit Gefahr und Unruh aus;
Flut und Glut war wechselnd Meister,
Und des Lebens scheue Geister
Rangen zwischen Qual und Lust;
Und die Brust, wo Flammen wühlen,
Will in Lust und Qual sich kühlen, rc.

und wie es endlich an den Tag gekommen:

Nun ist's gut, die Flamme brach
Mit dem Worte, das ich sprach,
An das Tageslicht heraus. —
Nun ist's Friede! Ausgebrannt
Aber ruhig, steht das Haus.

(Zugleich ein überaus schönes Bild, das den innern Zustand seines Wesens lebendig und erschütternd mahlt, und den Gipfel seines Lebens und des Stücks gleich treffend bezeichnet.) Es ist unläugbar ein großer Vorzug des Kunstwerkes, daß der Dichter alles, was unser Gefühl zu hart berührt, wenn wir es gegenwärtig geschehen sehen, wie z. B. ein Brudermord, zurückgeschoben, es blos vor das Auge der Phantasie geführt, und so dem Helden Raum verschafft hat, sein Innres zu entfalten, und dem Zuschauer Zeit, es mit Ruhe zu betrachten. Die Wirkung ist dadurch offenbar tiefer und edler, weil sie nicht auf die Sinne gerichtet ist, sondern auf Herz und Geist. Daher die ernste und schöne Aufmerksamkeit der Zuseher, womit sie jede Vorstellung dieses Trauerspiels aufnehmen. Dieser Umstand zeugt zugleich von der Vortrefflichkeit des Werkes und von der Empfänglichkeit jener für das wahre Schöne. Das kann aber auch nie anders geschehen, wo das ächte Kunstwerk einen reinen unbefangenen Sinn findet.

Ein anderer höherer Vorzug der Schuld ist noch, daß der Dichter das rein Tragische, das wir bisher nur in den Tragödien der Alten fanden, in unserm Leben, unserer Bildung, Glauben und

Aberglauben wieder aufzufinden und in diesem Werke selbst bis zum Fatum zu gestalten gewußt hat. Dieses giebt den Beweis, daß die Grundgesetze, nach welchen der Mensch fühlt, denkt und handelt, unwandelbar und ewig dieselben bleiben, wie veränderlich und verändert auch die Formen seyn mögen, in welchen er jedesmal erscheint. Der Mensch fürchtet das Schicksal in der Schuld, sieht den Frevler von den Furien gegeißelt von einem Pol zum andern fliehen; ihnen und der vergeltenden Nemesis entflieht er nicht, bis ihn der Tod gesühnt hat. Wie furchtbar deutet Hugo auf dieses Schicksal hin, das in seinem Glauben besteht, wie jenes der Alten in dem ihrigen, wenn er am Schlusse des dritten Aufzuges den Dom schildert, wo er Versöhnung hofft. [3])

3) Meine Ansichten von dem tragischen Fatum der Alten sind sehr nahe mit denen verwandt, welche mein gelehrter Freund, Hr. Blümner, in seiner Schrift: Ueber die Idee des Schicksals in den Tragödien des Aischylos, Leipzig bei Tauchnitz 1814. vorgetragen hat. Es wird mich vor dem Uebel, mißverstanden zu

Einige Dichter haben Versuche gemacht, dieses furchtbar tragische Schicksal der Alten, wie man es zu nennen pflegt, auch in neuern dramatischen Werken walten zu lassen; allein sie haben es nie in der ganzen Beziehung auf das gegenwärtige Leben gefaßt, und es daher entweder nicht vermocht, oder sie glaubten mit ihm auch die Form der alten Tragödie aufnehmen zu müssen, wodurch das Verhältniß wieder zerstört wurde. Wallenstein streift nur an einer Seite hin, und ist im astrologischen Aberglauben befangen; 4) in der Braut von Messina tritt es mächtiger auf, allein sie ist ein Gemisch von Mythologie und christlichen Glauben und Aberglauben in halb moderner, halb antiker Form, wodurch nothwendig

werden, gar sehr bewahren, wenn meine Richter dasjenige nachlesen wollen, was in der angeführten Schrift besonders S. 155. gesagt worden ist.

4) Hugo auch. Helden und Verbrecher sind die treuesten Anhänger des Schicksalglaubens, weil sie ihn brauchen: jene um kühner zu wagen, diese um vor dem Richterstuhl ihres Gewissens eine tröstende Ausrede zu gewinnen.

Widerspruch entstehen und die Wirkung vernichtet werden mußte. In den Aetoliern herrscht es unbeschränkt, aber diese schöne Tragödie gehört nicht unserer Welt, sondern der griechischen an, und kann eigentlich nur in so fern hier angeführt werden, als sie eine Hervorbringung der gegenwärtigen Zeit ist. Mit allen Beziehungen des Lebens der modernen Welt organisch verwebt, steht es in der Schuld neugeboren als ein eigenes unsrer Zeit angehöriges allein noch da. 6)

5) Ich protestire feierlich gegen diesen Lobspruch. Ich fühle vollkommen, was Blümner in der angeführten Schrift S. 156. ff. über diesen Gegenstand sagt. Die Schicksalsidee ist von mehreren neueren Dichtern in der wunderbaren Verkettung der Begebenheiten selbst zur Anschauung gebracht worden, wenn sie auch eben ihre Personen nicht viel darüber verhandeln lassen. Das Walten übersinnlicher Mächte, welches die Tragiker Schicksal nennen, ist mir im Egmont unverkennbar, und aus Maria Stuart, besonders aus der Kommunionscene, weht mich der furchtbare Odem der Nemesis an. Ich komme mir mit den Anregungen der menschlichen Nei-

Außer den berührten Vorzügen erhebt die tiefe poetische Bedeutung und der hohe Sinn des Lebens, die in der Schuld liegen, dieses Trauerspiel über die meisten neueren Werke dieser Art eben so sehr, als es einer nicht geringen Zahl derselben an Einfachheit der Handlung, sinnreicher Verkettung der Theile zu einem eigenthümlichen Ganzen, und an tiefer und schöner Charakterzeichnung vorgeht. Die Handlung besteht blos in der Sinnesänderung Hugo's, der dem Kampfe mit dem Gewissen erliegen muß, und ist eigentlich nur der furchtbare Augenblick der gänzlichen Entwicklung seines Schicksals, durch die Erscheinung des Don Valeros herbeigeführt.

Aber wie bedeutungsvoll! Gerade an dem unseligen Tage, wo Karlos erschlagen worden, gerade wo er sich durch gefahrvolle blutige Jagd wieder zerstreuen wollte, erscheint Don Valeros, und

gung zum Wunderglauben so ziemlich vor, wie ein Schwacher, der mächtige Hebel in Bewegung setzt, um eine Last zu heben, welche wahrhaft große Meister frei und leicht mit der Hand bewegen.

die furchtbare Stunde seines Schicksals rückt heran.

Alles vereinigt sich, um seine letzte Kraft zu erschüttern. Valeros naht in einem Augenblicke, wo das Andenken an Karlos Tod lebhafter als je vor Hugo s und Elvirens Seele tritt. Der grauenhaften Schilderung von dem Zustande, worin Karlos Leiche gefunden worden, und wie sie Valeros im Sarge noch gesehen, muß er erliegen.

Die Entdeckung, daß er Karlos Bruder und Don Valeros Sohn ist, vollendet die fürchterliche Katastrophe, und mit dem schrecklichen Ausrufe:

— Kain! müßt ihr sagen!
Karlos fiel von meiner Hand!

ist die Entscheidung ausgesprochen. Der Vaterfluch, der ihn nun trifft, selbst die Rache durch den Zweikampf, die Valeros an ihm nehmen will, und die so sehr in dem Charakter dieses Spaniers gegründet ist, aber in der Vorstellung wegblieb, die endliche Versöhnung des Vaters

und Sohnes, und der Tod Hugo's und Elvi-
rens durch eigene Hand geben dem Ganzen die nöthige Rundung. Man sieht, wie wenig äußern Aufwand der Dichter bedurfte, um diese Katastrophe herbeizuführen, und jene Kunstrichter, die Thaten im Trauerspiele verlangen, müssen dieses nach einer solchen Theorie freilich verwerflich finden. Allein sie bedenken nicht, daß die That, die hier die Verwicklung bildet, und so tief durch das Ganze greift, von dem Dichter mit bewundernswerther Kunst vor das Stück hinaus verlegt, und dieses selbst vielmehr die Entwicklung und die Darlegung der Folgen jener ist, worauf doch im Grunde alles ankommt. Die Entwicklung geht Schritt vor Schritt, durchaus wohlbegründet, dem Zuseher entgeht nichts, von Hugo's Lebensbeginn bis zu seinem Ende, alles wird ihm klar, und da er das Ganze so leicht zu übersehen vermag, wegen der großen Einfachheit desselben, so ist der Eindruck auf ihn auch ganz und ungestört, und sein Genuß um so größer. Dieser wird noch erhöht durch die wundersame Entgegenstellung der Charaktere so-

wohl als der Elemente, die das Ganze gestalten, und die sich selbst im Einzelnen allenthalben wiederholen, in Hugo aber als der Hauptfigur des Stückes sich alle wieder vereinigen, so wie sie von ihm ausgehen. Es ist der Zwist des unvereinbaren Guten und Bösen in der menschlichen Seele, der unversöhnbare Streit von Süd und Nord, und die unversöhnliche Feindschaft der entgegengesetzten Pole, die sich ewig fliehen. Diese Ansicht geht durch das Ganze. Jerta, die nordische Jungfrau, Hugo's vermeintliche Schwester, in ihrer Reinheit, mit der Engelliebe zum Bruder, und der Klarheit und Ruhe ihres Wesens steht Elviren gegenüber, der glühenden Spanierin, dem von Unruhe und Eifersucht getriebenen Weibe mit der sinnlichen Liebe.

„Hugo," spricht Jerta zu ihr, „Hugo sorg' ich, ist
„Nur der Abgott eurer Sinne.
„Ich — ich lieb' ihn" — — —

Schwärmerei und Aberglaube erfüllen und ängstigen sie; die besonnene Protestantin Jerta sucht sie zu beruhigen, und handelt, wo Elvire ohne Entschluß klagt und zagt. So kündigen sich beide gleich im Anfang des ersten Aktes an, und bleiben sich gleich bis an's Ende des vierten; denn Jerta ist es, die Hugo zu retten sucht, während Elvire nach ihrer Sinnesart und ihrem Antheile an der Schuld sehr angemessen zum Gebete ihre Zuflucht nimmt. Sie erkennt ihr Vergehen, und muß so, wie sie durch kein höheres Band als die Gewalt der Sinne an Hugo geknüpft ist, auch mit ihm ihr Schicksal vollenden.

„Mein ist mehr als sein die Schuld etc.
(4. Akt.)

äußert sie gegen Jerta, und gegen Hugo:

Mir wie dir fehlt ja der Frieden,
Und mich drückt wie dich die Schuld.

Hierdurch ist ihr Tod begründet. Den Don Valeros, der von der andern Hälfte der Erde nach Spanien zurückgekehrt ist, treibt das Schicksal, welches das Ganze beherrscht, ebenfalls nach dem feindlichen Norden, wo er die Auflösung davon findet. „Wie des Nordlichts heller Schein," fiel es bei dem Anblicke des erschlagenen Sohnes in seine Seele, die Verwünschung des Zigeunerweibes wird dabei in seinem Gedächtnisse wieder angeregt, [6]) bange Ahndung ergreift ihn, sein Geist lechzt nach Licht, und bald der Drang nach Rache, bald der dunkle Zug des Vatergefühls bewegen seinen Busen, und die Worte zu Hugo:

— erklärt mir Derindur
Diesen Zwiespalt der Natur,
Bald möcht' ich in Blut sein Leben
Schwinden seh'n bald — ihm vergeben

deuten den Widerstreit, der das Ganze bewegt, auch in ihm an. Selbst in dem unbefangenen Knaben Otto, der vortrefflich gezeichnet ist, wird er sichtbar. Er kann sich mit dem Norden nicht befreunden, die fremde Bekleidung ist ihm verhaßt wie sein nordischer Name Otto, und der des Hugo, den er nie Vater zu nennen vermag.

6) Ich habe schon oben bemerkt, daß davon nichts gesagt ist.

Aber in Hugo spricht dieser sich am deutlichsten aus; er ist sich dessen bewußt, kann sich ihn aber nur zum Theil erklären. Gezeugt von Aeltern, die er nie gekannt, in einem Lande, von dem ihn die Bilder aus der Kindheit noch zauberisch umschweben und dahin ziehen, erzogen im Norden, einer fremden Familie Namen führend, geneigt zur Schwärmerei und zum Aberglauben des Südens, und erhellt durch den Protestantismus des Nordens, glühend und leidenschaftlich, kalt und besonnen.

„Was, ich bitte dich,“ (fragt ihn Jerta, von seiner und Elvirens Liebe sprechend) „was kann

So euch hin und wieder treiben,
Wie zwei Schiffe eines Herrn,
Die der Sturm im offnen Meere
Trennt, und an einander schleudert?“

Denn auch in dieser Liebe herrschet jener Zwist, trennt und einigt beide immerdar. Hugo erwiedert:

Weiß ich es selbst? —— Mich dünket: Nie
Sollten Nord und Süd sich küssen.

Pole sind sie eines Stabes,
Ihre Axe trennet sie. —
Hat die dunkle Macht des Triebes,
Stark den Stab zum Ring gebogen,
Und den Pol zum Pol gezogen,
Müssen sie sich mächtig fassen.
Aber immer will der Ring
Wie gespannten Bogens Stahl
Wieder auf zum Stabe schnellen,
Und was Eins ist, will sich lassen.

Jerta. Räthselhaftes aufzuhellen,
Zu erklären solchen Streit
Will ein Gleichniß nicht genügen.

Hugo. Mehr vermag ich nicht zu geben;
Selbst ein Räthsel — schwer zu lösen —
Bin ich mir: denn Pol und Pol
Einen sich in meinem Wesen,
Hier erzogen, dort geboren,
Bin ich hier und dort nicht heim.
Fremde Wurzel diesem Boden,
Fremder Wipfel jener Luft!
Tief am Stamm vom Nord erkältet,
Hoch im Laub vom Süd entflammt,

Ein' ich in mir Glut und Flut,
Erd' und Himmel —
Gott und Teufel. —
(2. Akt, 1. Auftritt.)

Hugo's entzweites Gemüth giebt ihm eine düstere tragische Stimmuug, die sich dem Ganzen mittheilt, und das dadurch einen schauerlichen Grund erhält. Diese äußert sich bei dem geringsten Anlasse, weil er alles auf den Gegenstand bezieht, der ihn fortwährend quält und peinigt. Schon vor seinem Erscheinen, das durch den ganzen ersten Akt sehr kunstreich und dichterisch motivirt ist, zeigt sie sich in Elviren. Der schauderhafte Traum aus ihrer Brautnacht, wo sie ihn zu umarmen wähnte, und einen Tiger mit blutigem Zahn statt seiner küßte, der erschütternde Eindruck, den die Erzählung Holms von der gefahrvollen Jagd, wo Hugo einen wilden Eber mit den Händen zu Boden warf, auf sie machte, und sie ausruft: „Ach! er ist ein reißend Thier, — dieser Hugo!" deuten sinnreich darauf hin. Sie kündigt sich sogleich bei Hugo's erstem Auftreten im zweiten Akte an, wo er mit Jerta spricht: „Sonst und Jetzt! wer das verstände — Sonst aus Jetzt zu machen.“ — Mit Don Valeros, wo dieser von seinem Empfange zu ihm sagt:

Freundlichkeit, Herr Graf, ist besser
Im Gesicht als an der Wand;

und Hugo erwiedert:

Wand ist Todtes, und das Todte
Ohne Wandel; das Gesicht
Trägt des Augenblickes Farbe,
Bis es todt ist wie die Wand.

In den früher angeführten Stellen, und an vielen andern Orten, bis sie sich endlich in ihrer ganzen Tiefe im vierten Akte ausspricht. Sehr bezeichend und schön in der Stelle:

Wenn die That noch ist Gedanke,
Ist sie nicht. Ist sie geschehen,
Tief im Dunkel, unbelauscht,
Ist sie auch nicht, wenn die Brust
Und der Mund sie kann bewahren; —
Sieh! Das ist der Hölle Schlinge!

Weil der Mensch Gedankensünden
Zu verschweigen hat die Macht,
Lockt's ihn, daß er sie vollbringe,
Wähnend, in des Busens Nacht
Könn' er das Geschehne binden,
Wie er band, was er gedacht ꝛc.
(4. Akt.)

Ueberhaupt ist Hugo einer der tiefsten und vollendetsten tragischen Charaktere. 7) Er läßt zuerst in leisen Andeutungen sein trauriges Geschick ahnen, enthüllt es mit jedem Schritte immer mehr, bis er es endlich in seiner ganzen furchtbaren Größe zeigt. Er ist bis auf jenen

7) Dagegen regen sich in mir fortwährend Zweifel. Zwar fordert Aristoteles Mischung von Gutem und Bösem im Charakter des tragischen Helden; aber ob Hugo nicht zu sehr Sünder ist? Dieser Zweifel ist in mir mit erneuter Kraft aufgestiegen, seit ich auf der Privatbühne diese Rolle selbst gespielt habe. Ich rathe daher dem Schauspieler, den Kern seiner tragischen Kraft auf die Darstellung der Reue und besonders auf den Vers zu wenden: Oh, ich bin ein böser Mensch!

schaudervollen Punkt geführt, wo der Kreis des menschlichen Strebens sich schließt, und der Geist an der Scheidewand der Ewigkeit grauenvoll still steht. Tief das Innerste ergreifend und erschütternd ist das Selbstgespräch, welches Hugo im fünften Auftritte des vierten Aktes führt, und das nicht unter jenem berühmten Hamlets steht: 8)

Wenn sie recht hat (Jerta) — nichts beschlossen
Ueber'n Sternen wird — der Mensch

8) Wenn ich wüßte, daß dieser Ausspruch nach 300 Jahren wiederholt würde, könnte ich stolz werden. Aber so oft ich meinen Hamlet aufschlage, und an die Stelle komme:

Schlafen! Vielleicht auch träumen! — Ja, da liegt's:
Was in dem Schlaf für Träume kommen mögen,
Wenn wir den Drang des Ird'schen abgeschüttelt,
Das zwingt uns still zu stehn. Das ist die Rücksicht,
Die Elend läßt zu hohen Jahren kommen —

so fühle ich, daß nichts in mir ist, was zu so hohen Jahren kommen könnte.

Frei auf Erden hat zu wählen,
Alles droben zu vertreten! —
Das wär' schlimm, sehr schlimm! —
Dann ständ' es
Uebel um ein gutes Ende!
Und dieß Leben ist so kurz,
Und so lang — so lang das andre! —
Kennte man's, wer weiß? es wär'
Wohl so gräßlich nicht — vielleicht
Wenig anders als hienieden:
Zorn — und Strafe, und — Vergebung —
Nur die Nacht,
Die es deckt,
Die nur schreckt!
Grausend macht
Sie zur Höll' die Zeit
Mit der Ewigkeit,
Daß man fühlt ein Dringen,
Aus dem Grauen
Vor der Nacht
In die Nacht hineinzuspringen;
Weil's oft nichts ist, anzuschauen,
Was mit Zittern wird gedacht. —

Wenn es nichts ist — Oh! das Wort
Graust den Menschen an — und „Ewig“
Sträubt des Sünders Haar empor!
Nichts — und? — wer — wer faßt das?

Wenn man auf die Einfachheit der Handlung sieht, so könnte es scheinen, als wäre von Seite der Erfindung von dem Dichter der Schuld wenig geleistet worden; wenn man aber dagegen erwägt, wie wundersam und reich diese einfache Handlung begründet, wie wahr und natürlich sie fortgeführt ist, und welche auf den Gang derselben einwirkende Umstände, und wie kunstvoll sie benützt und in das Ganze verwebt worden sind, so muß man darin einen wahrhaft dichterischen, dramatischen Geist erkennen. So im Anfange des ersten Aktes gleich, wo Elvire, die Harfe spielend, in der Abenddämmerung einsam sich ihren Empfindungen und Gedanken überläßt. Eine Saite springt, sie erbebt im Innersten, Ahnungen erwachen in ihrer Seele, Hugo ist auf der Jagd, ihr erster Gemahl fiel auch auf der Jagd, der Sprung der Saite kann ein

Unglück bedeuten, — der Zuschauer ist sogleich in den rechten Standpunkt des Stücks versetzt, und die Einleitung ist geschehen. Die Erzählung des Reitknechts Holm in demselben Akte, Elvirens Traum aus der Brautnacht, dessen schon erwähnt worden — alles wirkt zusammen, den ersten erschütternden Eindruck auf Elviren zu vollenden, die Stimmung des Ganzen anzudeuten, des Zuschauers ahnungsvolle Erwartung zu steigern und ihn vorzüglich auf die Erscheinung Hugo's aufmerksam zu machen und vorzubereiten. Dieses leistet der ganze erste Akt in einem hohen Grade, und das Interesse wächst mit jeder Scene. Hugo's Erscheinen im zweiten Aufzuge entspricht der gespannten Erwartung vollkommen. Bald aber entdeckt er der Jerta, daß er nicht ihr Bruder, sondern ein verschenkter Knabe aus kastilischem Geschlechte sei, das er nicht zu nennen weiß. Die Verwicklung ist in Bezug auf Jerta hier bloß episodisch, aber sie ist in Rücksicht Hugo's bedeutungsvoll für das Ganze, und der Zuschauer ahnet hierin irgend ein böses Schicksal. Don Valeros, des erschlagenen Karlos Vater, dessen

Ankunft schon im ersten Akte nicht zufällig angekündigt ward durch Elvirens Sohn, Otto, erscheint im zweiten Akte in einem Augenblicke, wo alle früheren Gefühle in Hugo's und Elvirens Seele erwacht und alle Erinnerungen an den auf der Jagd umgekommenen Karlos lebendig sind; es ist der Jahrstag seines Todes — die Phantasie beider ist so aufgeregt, daß sie sich bei dem Anblicke von Karlos Vater entsetzen, und Hugo des erstern Geist in letzterm zu sehen wähnt. Die ganze Scene ist vortrefflich, in dramatischer Hinsicht vorzüglich gelungen, und darum auch von großer Wirkung auf die Zuseher. Valeros Erzählung von Karlos Tod, die Schilderung, wie er dessen Leichnam im Sarge gesehen, und wie man ihn auf der Jagd gefunden, bis endlich den Hugo die Kraft verläßt, und er ohnmächtig zu Boden sinkt, erheben die Theilnahme immer mehr, und verbinden den zweiten Akt mit dem dritten auf eine sehr eingreifende Weise. Der Zuschauer ist auf das Höchste gespannt, er kann errathen, was geschehen, aber wie es geschehen, erwartet er nun im dritten Akte mit hohem Interesse.

Des Don Valeros Argwohn, daß Hugo und Elvire des Mordes an Karlos schuldig seien, zeigt sich im dritten Aufzuge durch die Vorgänge des zweiten zum gegründeten Verdacht erhoben. Der Zuschauer zweifelt eben so wenig als Don Valeros. Aber Otto's Erzählung von Karlos und Hugo's Freundschaft, die Begebenheit beim Stiergefechte, wo letzterer ihm das Leben mit Gefahr des seinigen gerettet, wie er weinend sich über Karlos Leiche geworfen, u. s. w. machen Don Valeros wieder schwanken —

Weinend sagst du? — Hm! gewöhnlich
Weinen Meuchelmörder nicht.

Eine Landschaft im Saale auf Hugo's Schlosse, welche die Stadt Barège mit ihren Umgebungen vorstellt, dieselbe, wo Karlos und Hugo's Mutter die Pyrenäen-Bäder gebrauchte, und sich Jertà's Mutter zu gleicher Zeit aufhielt, und von wo sie den Hugo als ihren Sohn mit sich nach Norwegen brachte, giebt dem Don Valeros Licht über das Schicksal seines zweiten Sohnes. Hugo ist's — der seinen Vater mit Schaudern erkennt, indem er sich zugleich als Brudermörder sieht, und das ist der Zeitpunkt zur Enthüllung seiner Gräuelthat. Es erfolgt der Vaterfluch — und Hugo's Entschluß, sich der Gerechtigkeit zu übergeben.

Dieser dritte Akt ist der Brennpunkt des Ganzen. Es vereinigt und drängt sich hier alles zusammen, um die furchtbare Entwicklung von Hugo's und aller Schicksal zu vollenden. Der Eindruck ist tief eingreifend und erschütternd, und die Kunst des Dichters, wie er alles dieses herbeigeführt, verdient Bewunderung. Vorzüglich schön gedacht und gehalten ist als episodische Person hierbei der Knabe Otto, dessen reiner Sinn von dem Schrecklichen, das in seinem Hause geschieht, unberührt bleibt. Mit feiner Schonung für das kindliche Gemüth hat ihn der Dichter überall entfernt zu halten gewußt, wo dieses verletzt werden konnte, und ihn nur da erscheinen lassen, wo er auf den Gang des Ganzen wirken, oder in Augenblicken, wo er die Wirkung erhöhen mußte. Der Gewittersturm des Schicksals zieht über ihm vorüber, ohne sein schuldloses Haupt zu berühren.

Der vierte Aufzug enthält die Sühnung Hugo's und Elvirens durch den Tod. Wie sie der Dichter herbeigeführt und begründet hat, ist schon oben gezeigt worden. Eine Lücke erschien aber dem Zuschauer bei der Aufführung durch Hinweglassung einer für das Ganze äußerst bedeutsamen Scene. In dem Augenblicke, wo Hugo allein über das andere Leben mit sich selbst spricht, und bei der Vorstellung „ewig!" und „nichts" in die Vorstellung verloren hinstarrt:

Wenn es nichts ist — Oh! das Wort
Graust den Menschen an — und „Ewig!"
Sträubt des Sünders Haar empor —
Nichts — und? — wer — wer faßt das?

tritt sein Vater, dessen Fluch noch auf ihm lastet, vor ihn mit den Waffen in der Hand, um seinen Sohn Karlos zu rächen und zu sühnen, Hugo verweigert ihm den Kampf, jener will ihn durchbohren, Elvire fällt ihm in den Arm, er erkennt, wie vom Rausche der Leidenschaft erwacht, das Entsetzliche seines Vorhabens, wird dadurch erschüttert, das Vatergefühl für den lebenden Sohn wird wieder in ihm wach, erweicht nimmt er den gräßlichen Fluch zurück, und beredet Hugo, zu leben. — So ist die Versöhnung beider sehr richtig herbeigeführt, der Zuseher wird besänftigt, und für den Ausgang vorbereitet. Was Don Valeros zu dieser That vermögen konnte, ist dasselbe, was ihn den Fluch über Hugo aussprechen läßt, dasselbe was ihn treibt, „bald in Blut das Leben des Mörders schwinden zu sehn, bald ihm zu vergeben?" Das Gefühl der Rache gewinnt bei der Entdekkung des Mörders die Uebermacht, und reißt den glühenden Spanier fort. Die Besinnung kehrt zurück, er erblickt in Hugo nicht mehr Korlos Mörder allein, es ist sein Sohn, den er tödten will, dieses Gefühl erhebt sich, er nimmt den Fluch zurück, und vergiebt ihm. Ueberhaupt aber ist diese Handlungsweise des Don Valeros schon in der Anlage des Charakters enthalten, und läßt sich aus dem Ganzen verstehen. In dem Verhältnisse, worin Valeros und Hugo gegen einander stehen, mußten sie bis auf diesen Punkt gelangen. Valeros hat einen geliebten Sohn zu rächen, er findet in dem Mörder einen andern wieder, und thut wechselseitig beiden sich widerstreitenden Gefühlen Genüge, bis das menschlichere die Oberhand gewinnt. Auf Hugo dagegen mußte die Forderung seines Vaters in jenem schon angedeuteten Augenblicke einen gewaltigen Eindruck machen, und seinen aufkeimenden Entschluß zum Tode zur Reife bringen. Er mag nicht kämpfen mit dem Vater, und bietet ihm ruhig die Brust, als Opfer der Rache für den Mord an seinem Bruder zu fallen. Auch von dieser Seite ist Don Valeros befriedigt, und Hugo hat Karlos Rächer Genüge gethan. Das Gefühl hatte die höchste Spannung erreicht; es wird allmählig beruhigt, und erwartet nun besänftigt das Ende. — So nur ist es begreiflich, wie Valeros im vierten Akte so sanft und liebevoll seinen Sohn vom Fluche freisprechen und ihn bereden konnte zu leben, nicht aber in der Darstellung, wo Niemand einzusehen vermochte, was ihn so plötzlich zu einer der vorigen durchaus entgegengesetzten Gesinnung bewegen konnte, da zwischen dem gräßlichen Vaterfluch im dritten Aufzuge und der Versöhnungsscene im vierten Valeros nicht erscheint. Der Fehler fiel also sehr natürlich auf den Dichter zurück. 9)

Auch rücksichtlich der Anordnung und Ausführung gebührt dem Verfasser vorzügliches Lob. Die weise Vertheilung und Einführung der wichtigen Motive am angemessenen Orte und zur günstigen Zeit, die zweckmäßige Zusammenstellung und Verbindung der Theile zum Ganzen, die Aneinanderreihung der Scenen in natürlicher Folge, die Richtung und Beziehung jedes Einzelnen auf den Hauptpunkt des Ganzen, besonders aber die Beschränkung der Zeit, die vielleicht

9) Der Kunstrichter hat mich hier so scharfsinnig gegen die Unbill vertreten, welche mir die theatralische Streichseeligkeit zufügte, daß ich kaum noch etwas hinzu zu setzen wüßte. Ich habe auf mehreren Bühnen das Stück darstellen sehen, und überall war diese Scene von sichtbarer Wirkung.

auf einen einzigen Abend zu sehr zusammengedrängt seyn dürfte, die einfache Veränderung des Ortes, die bloß in der Verwechslung des einen Saales mit dem andern in demselben Schlosse besteht, und der geringe Aufwand von Personen zeigen, daß er vollkommen Meister seines Gegenstandes und vermögend war, ihn frei und leicht mit Besonnenheit und Einsicht nach seiner Absicht zu bewegen! Die Zusammenfassung alles Einzelnen zur möglichst erreichbaren Einheit des Ganzen begünstigt den Gesamteindruck auf den Zuseher ungemein, und sollte vor allen von den Trauerspieldichtern nie aus dem Auge gelassen werden. Der Stoff übrigens ist ächt romantisch, und die Behandlung desselben läßt erkennen, wie einseitig jene zu Werke gehen, welche das Wesen dieser Gattung in einer laxen Verbindung der Scenen, zufälligen Nebeneinanderstellung der entferntesten Orte und Länder, und in der willkührlichsten Zeitfolge der Begebenheiten suchen. Ob das Ganze des Verfassers eigene Erfindung, oder aus dem großen Romanzenbuche der Spanier entlehnt sei, thut ihm selbst und seinem Werke eben so wenig Eintrag, als der Dichter des Alarkos darum getadelt worden ist, weil er den Stoff zum genannten Trauerspiele aus eben dieser Quelle geschöpft hat. [10])

10) Ich würde es ohne Scheu gestehen, wenn ich in gleichem Falle wäre. Bei der Zusammensetzung meiner Fabel, wie sie mir zur Ausführung meines Thems nöthig schien, war mein Leitstern Aristoteles Poët. c. 14. s. Hermann: *ὅταν δ' ἐν ταῖς φιλίαις ἐγγένηται τὰ πάθη, οἷον, εἰ ἀδελφός ἀδελφόν, ἢ υἱὸς πατέρα — ἀποκτείνῃ ἢ μέλλῃ — ταῦτα ζητητέον.* Daß ich auf diesem Wege an die seit Aeschylos und Euripides bis auf Fouqué (in Alf und Yngwi) so oft behandelte Fabel von den feindlichen Brüdern anstreifen mußte, war um so gewisser vorauszusehen, je wahrscheinlicher Aristoteles selbst daran gedacht hat. „Doch," fragt der Graf in Contessa's Fündling, „wird man's tadeln können?

„Ist's nicht das Alte stets, was wir das Neue nennen?
„Wir gehn ja überhaupt auf fremden Stelzen nur,
„Und Diebstahl, weiter nichts, ist unsere Kultur."

Es ist noch übrig, einiges über die Versart und die scenische Darstellung der Schuld zu sagen.

Nach dem Titel dieses Trauerspiels ist es in freien Versen geschrieben. Diese Freiheit besteht darin, daß der Dichter nach Maaßgabe der leidenschaftlichen Bewegung seiner Personen und oft auch nach Willkühr den Vers bald kürzer bald länger, bald mit, bald ohne Reim mit einsilbigen und zweisilbigen Ausgängen, und zuweilen auch dem Hauptrhythmus des Ganzen entgegengesetzte Versfüße gebraucht hat. Diesen Hauptrhythmus bildet der Trochäische Vers, und zwar der vierfüßige nach der gewöhnlichen Benennung, der nicht selten mit dem dritten und zweiten Fuße abbricht, und manchmal auch fünffüßig ausläuft. Z. B.

Weg von hier, wo niemand mir verwandt,
Zog das Land,
Goldner Flur,
Das in dunklen, frühempfangnen Bildern,
Winkend durch den Nebeltag,
Vor mir lag,
Wie die Vorwelt auf der Ahnen Schildern.

Vor dem Urtheile des strengen Metrikers werden dergleichen Verse nicht bestehen können. So kommen auch Jamben vor von zwei, drei und vier Füßen, mit mehrfüßigen Daktilen und fünffüßigen Trochäen:

Der Stier, der Stier!
Schrie's dort und hier; rc.
Da stürzt er mit Gebrüll
Zu seinen Füßen nieder,
Zucket und streckt die gewaltigen Glieder,
Und von „Bravo!" schallt die Gegend wieder.

Häufig kommen Längen an Stellen vor, wo sie nicht stehen dürfen, und umgekehrt auch Kürzen:

Vom Wahrsager Handwerk leben, [11])

statt, wie es dieses Maaß erfordert:

– ◡ – ⏓ – ◡ – ⏓

Und:

Ich ward Mutter rc. (Mutter ward ich.)

11) In meiner nach Wien gesendeten Handschrift stand Prophetenhandwerk.

Wir verweisen die Leser Kürze halber auf den unlängst in der Thalia gelieferten Aufsatz über die Metrik, wo diese Versart nach ihrem ganzen Umfange behandelt ist, und bemerken hier nur, daß sie mit dem Wesen der romantischen Dichtung ganz übereinstimmend ist. Sie herrscht, jedoch in der größten Vollkommenheit in den dramatischen Werken der Spanier, in den meisten neueren romantischen Dichtungen der Deutschen dieser Art, und ist dem Vortrage sehr günstig, zum Theil ihrer Kürze wegen, zum Theil, weil der Reim sehr angenehm dabei unterstützt. Es würde jedoch übel verstanden seyn, wenn man sie in jeder Art des Trauerspiels statt des bisher üblichen Jambus anwenden wollte. Der fünffüßige Jambus ist freilich schon an sich fehlerhaft, indem er durch Abbrechung der letzten Dipodie des Trimeters sein natürliches harmonisches Maaß zerstört, und wird häufig noch fehlerhafter durch die Nachlässigkeit und Harthörigkeit der meisten Dichter, die ihn mit großer Bequemlichkeit statt der Prosa zu brauchen pflegen; allein da er seiner Natur nach das Streben der fortschreitenden

Handlung bezeichnet, und diese das Leben der Tragödie bildet, so kann er ihr auch im Ganzen nicht genommen werden, ohne mit ihrem Wesen in Widerspruch zu gerathen. In der Schuld, wo das Ganze schon sich zur Entwicklung neigt, und nach ihrer romantischen Natur, ist der Trochäus an seiner Stelle, weil das Charakterische dieses Verses darin besteht, daß er zur Besänftigung sich neigt, und vom Realen, der Länge, zum Idealen, der Kürze, hinsinkt, was im Jambus umgekehrt geschieht.

Die Aufführung der Schuld auf dem hiesigen Nationaltheater war die letztern Mahle noch gelungener, als im Anfange; der Eifer und die Anstrengung des Hrn. Krüger (Valeros), Mlle. Krüger (Elvire), Mlle. Adamberger (Jerta), Mad. Korn (Knabe Otto), und Hrn. Reil (Holm), die alle von den Schönheiten des Werkes durchdrungen waren, trugen besonders dazu bei, wiewohl man in Rücksicht auf Deklamation manches erinnern könnte. Herr Heurteur dagegen als Hugo hat diesen schönen poetischen Charakter in seiner ganzen Tiefe aufgefaßt und dargestellt.

Seine Deklamation ist musterhaft, und sein gemessenes und gehaltenes Spiel im reinsten Einklange mit dem Ganzen. Ihm vorzüglich verdankt dieses Trauerspiel den großen Beifall, womit es aufgenommen wurde, und der auch im vollen Maaße auf ihn zurückströmte. Er hat sich als selbstständigen Künstler bewährt, der mit Geist dichterische Schönheiten mit seiner eigenen Individualität zu verschmelzen weiß, und den Vorwurf gemeiner Kopiersucht, der ihm von seichten und kurzsichtigen Kritikern häufig und mit Härte gemacht wurde, auf immer vernichtet.

FSC
www.fsc.org
MIX
Papier | Fördert
gute Waldnutzung
FSC® C083411

Kolibri 360 GmbH
Ferdinand-Jühlke-Straße 7
99095 Erfurt, Deutschland
produktsicherheit@kolibri360.de